测绘地理信息科技出版资金资助

空间信息准确性增强
遥感变化检测

Remote Sensing Change Detection Based on
Enhanced Spatial Information

郝明　史文中　邓喀中　著

测绘出版社
·北京·

内 容 简 介

　　本书对现有变化检测方法存在的不确定性进行深入分析,针对不同空间分辨率的遥感影像,分别在像素级、对象级和特征级进行研究,通过增强空间信息的准确性,提出可靠性的光谱与空间信息结合的变化检测方法,降低遥感数据本身与变化检测方法的不确定性对变化检测结果的影响,最终提高变化检测精度。研究成果分别在像素级、对象级和特征级为光谱与空间信息结合的变化检测提供新的思路,在遥感变化检测和遥感应用等方面具有重要理论意义与应用价值。

　　本书主要读者对象为地学领域的研究人员、相关领域的研究生,也可供从事测绘、遥感和地理信息系统的研究人员参考。

图书在版编目(CIP)数据

　　空间信息准确性增强遥感变化检测/郝明,史文中,邓喀中著. —北京:测绘出版社,2017.5

　　ISBN 978-7-5030-4012-2

　　Ⅰ.①空… Ⅱ.①郝… ②史… ③邓… Ⅲ.①测绘—遥感技术 Ⅳ.①P237

中国版本图书馆 CIP 数据核字(2016)第 294615 号

| 责任编辑 | 雷秀丽 | 封面设计 | 李　伟 | 责任校对 | 孙立新 | 责任印制 | 陈　超 |

出版发行	测绘出版社	电　话	010—83543956(发行部)
地　址	北京市西城区三里河路 50 号		010—68531609(门市部)
邮政编码	100045		010—68531363(编辑部)
电子邮箱	smp@sinomaps.com	网　址	www.chinasmp.com
印　刷	北京京华虎彩印刷有限公司	经　销	新华书店
成品规格	169mm×239mm		
印　张	8.5	字　数	167 千字
版　次	2017 年 5 月第 1 版	印　次	2017 年 5 月第 1 次印刷
印　数	001—800	定　价	36.00 元

书　号	ISBN 978-7-5030-4012-2

本书如有印装质量问题,请与我社门市部联系调换。

前　言

　　遥感变化检测技术已成为一种有效的地表变化监测手段。然而,由于自然环境本身的复杂性、与遥感波谱相互作用的复杂性以及传感器本身的局限性,使得获取的遥感影像中存在大量的混合像素、"同物异谱"和"同谱异物"等现象。此外,遥感影像预处理与变化检测算法本身存在的不确定性也降低了变化检测的精度。研究表明,光谱与空间信息结合的变化检测方法可以在一定程度上解决上述问题,但多数方法对空间信息的描述和利用还不够准确。基于此,在"江苏高校优势学科建设工程资助项目(测绘科学与技术)"和"测绘地理信息科技出版资金"的资助下,本书对现有变化检测方法存在的不确定性进行深入分析,针对不同空间分辨率的遥感影像,分别基于像素级、对象级和特征级方法增强空间信息的准确性,提出可靠的光谱与空间信息结合的变化检测方法,降低遥感数据本身及变化检测方法的不确定性对检测结果的影响,提高变化检测精度。研究成果将为结合光谱与空间信息的变化检测提供新思路。

　　针对遥感影像中存在的混合像素及模糊边界问题,本书提出一系列新的基于主动轮廓模型的变化检测方法:①在像素级层上,假设差分影像符合混合高斯分布,用最大期望(expectation-maximization,EM)算法估计未变化和变化像素的灰度平均值,并将其引入主动轮廓模型中建立新的能量函数,增强未变化和变化像素的区分程度,提高了变化检测精度;②在特征级层上,提出对小尺度和大尺度变化检测图进行优势融合的策略,保留不同轮廓长度参数下变化检测图的优势,在一定程度上减弱了轮廓长度参数对变化检测结果精度的影响;③在对象级层上,以震前的矢量数据提供的建筑物轮廓作为初始轮廓,利用主动轮廓模型处理震后的高分辨率遥感影像,检测倒塌建筑物,避免了设置阈值带来的不确定性,提高了检测结果的精度和稳定性。

　　在像素级层上,本书提出了基于空间邻域信息准确性增强的马尔可夫随机场(Markov random field,MRF)变化检测方法:①通过空间引力模型将模糊C均值(fuzzy C-means,FCM)聚类算法计算得到的隶属度信息引入到MRF中,增强了像素空间邻域关系的准确性,得到了更高精度的变化检测结果;②根据估计的变化和未变化类别的中心像素灰度值设置阈值 T_1 和 T_2 ,将差分影像分为未变化、不确定是否变化和变化三部分,并分别设计不同的空间信息权重计算策略,减弱了传统方法对空间邻域信息的过度利用,提高了变化检测精度。

　　在对象级层上,本书通过充分考虑地物类的特点,确定与不同地物类变化相适应的最佳分割尺度,提出了两种利用对象的空间特征和多尺度信息进行变化检测的方法:①利用统计区域融合(statistical region merging,SRM)算法生成的分割结果对主动轮廓模型生成的初始变化检测结果进行精化,减弱了分割尺度和主动轮廓模型中轮廓长度参数的影响,提高了变化检测结果的精度及稳定性;②将基于像素和面向对象的变化检测结果结合,对分割结果存在的尺度不确定性进行分析,利用更精细的分割结果对不确定是否变化的图斑进行后处理,减弱了分割不确定性对变化检测结果的影响,提高了变化检测精度。

　　在特征级层上,本书提出了边缘密度匹配指数,同时引入了灰度共生矩阵(gray level co-occurrence matrix,GLCM)纹理、Gabor 纹理和高斯马尔可夫随机场(Gaussian Markov random field,GMRF)纹理三种纹理特征,通过提出的最优特征选取策略对纹理特征进行选择,并将选择的特征与光谱信息组合,同时利用小波变换对特征进行分解,通过 DS 证据理论和优势融合策略提取变化信息。通过实验表明光谱、纹理、边缘特征组合可以在提高变化检测精度,且不同的特征组合对变化检测精度的提高程度不同。此外,光谱、Gabor 纹理和边缘特征的融合方法比较稳定且效果较好。

　　本书以提高空间信息利用的准确性为途径,分别在像素级、对象级和特征级提出增强空间信息准确性的方法,最终提高遥感变化检测精度。本书力求做到内容上既有一定的深度,表达上又通俗易懂,介绍变化检测前沿及本书的研究成果。由于影响遥感变化检测精度的因素很多,且提高空间信息准确性的方法和途径有很多,即使在书稿即将出版之际,也还有需进一步研究并改进的地方。限于作者的水平和经验,观点和文字方面难免有不妥之处,恳请专家和广大读者批评、指正。

　　最后,感谢国家自然科学基金重点项目(41331175)和国家测绘局科技领军人才科技资助专项资金(R2014A039)的资助,感谢关心和支持本书研究课题的单位,对参与书稿审核工作的学者以及为本书出版做出贡献的同志表示诚挚的感谢!

目　录

CONTENTS

第1章 绪 论

1.1 研究背景

地球是人类赖以生存的家园。但由于地球自然环境的复杂性,自然界中会发生地震、海啸、洪水、火灾、滑坡、泥石流等多种自然灾害,给人类的生命和财产造成巨大的损失。此外,人类的活动也不断地改变和影响着地球,耕地面积的减少、工业化、城市的快速发展,以及人类多年来对森林的砍伐、草原的开垦、资源的开采都在很大程度上改变了地球。因此,我们需要进行对地观测,监测地球表面的变化,判断其对人类的影响。我国已于 2013 年启动了全国地理国情监测工作,对地形、水系、交通、地表覆盖等要素进行动态和定量化、空间化的监测。

近年来,随着航空、航天、卫星等技术的发展,遥感变化检测技术已成为一种有效的监测地球表面变化的手段,也是遥感领域的研究热点之一。遥感变化检测技术是一种通过分析同一地区的前期数据(如遥感影像、矢量数据)和后期的遥感影像,发现地表变化的技术(李德仁,2003;Coppin et al,2004;Tewkesbury et al,2015)。经过多年的发展,遥感影像变化检测技术无论是在理论还是技术方面都日益成熟,并广泛应用于土地利用和覆盖变化、森林和植被变化、灾害评估、湿地变化、森林火灾、景观变化、城市发展、环境变化等方面(Lu et al,2004)。

由于自然环境本身及其与遥感波谱相互作用的复杂性,从传感器记录的光谱信号中提取的关于地表的信息中,总是存在不确定性,如同物异谱、同谱异物、混合像素等现象。同时,在遥感影像变化检测过程中,包括遥感数据尺度问题、遥感影像配准、变化检测算法的选取及精度评价等各个方面,每一个环节都不可避免地引入不同程度的不确定性,降低变化检测结果的精度(Singh,1989;Yetgin,2012)。传统的仅利用光谱信息的变化检测方法无法有效处理遥感数据本身存在的模糊边界、混合像素、同物异谱及同谱异物等问题。现有研究表明,光谱和空间信息结合的变化检测方法既可以在一定程度解决上述遥感数据本身存在的问题,也可以提高变化检测方法的精度。但现有方法存在空间信息利用不准确的问题,无法最大限度地降低遥感数据本身及变化检测过程的不确定性和提高变化检测结果的精度。在利用遥感数据提取地物变化信息时,需要科学并准确地利用空间信息,提出可靠的光谱与空间信息结合的变化检测方法,降低遥感数据的模糊边界、混合像素、同物异谱、同谱异物等因素在变化检测中带来的不确定性,得到准确的地表变化信息。

1.2 国内外研究进展

利用遥感影像进行地物的变化检测兴起于 20 世纪 60 年代,随着航空、航天技术的发展,人类实现利用卫星(EOS、MODIS、MSS、TM、ETM+、SPOT 等)对地观测后,遥感变化检测技术得到了迅速发展。特别是随着 World-View-2、IKONOS、QuickBird、ZY-3、TerraSAR-X 和 Radarsat-2 等一系列高分辨率卫星的成功发射和影像处理技术的进一步发展,使遥感变化检测技术有了更大的进步和更广泛的应用。遥感变化检测的过程大概可以分为数据预处理、选择变化检测方法提取变化信息、精度评定和产品输出(孙家抦,2003;Bovolo et al,2005)。

1.2.1 变化检测数据预处理

遥感影像在成像过程中容易受自身传感器精度和外部条件(如大气条件、太阳光入射角度和地球曲率等)的影响,在多数情况下,不同时相获取的遥感影像很难达到空间分辨率和辐射分辨率完全一致。因此,大部分利用遥感影像的变化检测方法都需要通过数据预处理使同一地物在不同时相遥感影像中的空间位置和光谱特性保持一致。一般预处理过程包括:影像配准、辐射校正、地形校正、大气校正等(罗旺,2012;赵英时,2003)。

影像配准是变化检测过程中最重要的预处理步骤之一。事实上,要想达到遥感影像的完全配准几乎是不可能的,但影像配准误差极易引起虚假变化,严重降低了结果的可靠性。如何提高配准精度,降低配准不确定性造成的虚检错误是提高变化检测精度的关键问题之一(Townshend et al,1992),很多学者已在配准误差是如何影响变化检测精度和降低这种影响上做了大量的研究工作。Dai 等(1998)研究发现,当配准精度高于 0.2 个像素时,变化检测精度才会高于 90%,并且发现虚假变化主要分布在遥感影像中地物的边缘附近,而漏检测像素的空间分布多离边缘较远。Stow 等(1999,2002)提出一种能够补偿配准误差的模型进行变化检测,用来降低配准不确定性对变化检测结果的影响。Sundaresan 等(2007)经过试验发现,基于马尔可夫随机场(Markov randnom field,MRF)的变化检测方法比差分方法和差分之后再滤波等方法对配准误差的敏感性低,得出了利用空间邻域信息可以在一定程度上降低配准不确定性的影响。Brown 等(2007)通过建立航空传感器数据中几何误差和配准误差模型的方法来降低几何和配准误差对变化检测结果的影响。Bruzzone 等(2003)通过将两时相遥感数据的变化矢量变换到 M-D 空间,对不同配准精度下差分向量的分布进行统计,并结合其 8 邻域信息的方法检测地表变化,认为当同一区域的概率达到一定数值时才为真实的变化,否则为配准误差产生的虚假变化,在一定程度上降低了配准误差的影响。Stow 等(2003)提出一种基于"框架中心"的配准方法,通过提高配准精度来提高变化检测的精度。Ding 等(2010)利用稳定核主成分方法进行配准,在此基础上进行面向对象的变化检测。Marchesi 等(2010)将多时相遥感影像变化矢量变换到一个定量化的极坐标空间,利用不同尺度的极坐标空间结合每个像素的空间邻域信息进行变化检测,结果表明对配准不确定性造成的变化检测误差有较好的抑制作用。徐丽华等(2006)提出了一种基于区域变化率的变化检测方法,认为只有当区域中变化像素的比例达到一定程度时该区域才发生变化,不然就是配准误差或其他原因造成的变化,在一定程度上降低了配准误差带来的影响。申邵洪等(2011)研究了配准误差对高分辨率遥感影像变化检测精度的影响,并针对配准误差对变化检测精度的影响是否与影像波段、地类复杂度有关进行了研究,结果表明配准误差对每个波段影响不一致性,并且对高地类复杂度区域影响更明显。Chatelain 等(2007)基于二值 Gamma 分布对影像进行配准和变化检测,并对模拟数据和真实遥感数据进行试验,结果表明该方法降低了配准误差对变化检测的影响。

1.2.2　变化检测方法

遥感影像变化检测是通过定量分析不同时期的遥感数据,确定地表变化的过程,是遥感领域中的研究热点,被广泛地用于更新地理数据、灾害评估、监测土地覆盖与利用、环境变化和研究城镇发展,对国家决策、抢险救灾、服务民生和国家建设具有重要意义。目前主要的变化检测方法主要包括算术运算法、变换法、分类后比较法、高级模型法、GIS(geographic information system)集成法、视觉分析法和其他方法(周启鸣,2011;Lu et al,2004)。

常用的算术运算法包括影像差分法、影像回归法、影像比值法、归一化植被指数差值法、变化矢量分析法(change vector analysis,CVA)等。Muchoney 等(1994)利用影像差分方法检测森林变化,Sohl(1999)利用差分方法对地表覆盖变化进行检测,Bruzzone 等(2000)利用高斯模型估计对重新构建差分影像,自动确定变化阈值,并在此基础上提出了基于 MRF 的变化检测方法,利用空间邻域信息提高变化检测精度。Metternicht(1999)利用模糊集和模糊关系函数代替阈值选择,进行变化检测,Patra 等(2011)利用差分影像方法,对几种常用的模糊和非模糊的阈值确定方法进行了比较,最终得出模糊熵方法是最稳定的方法。Jha 等(1994)利用影像比值法检测热带雨林变化。Prakash 等(1998)利用影像差分、影像比值和归一化植被指数检测煤矿区的变化,结果表明三种方法并没有明显的区别。Lyon 等(1998)对不同植被指数进行变化检测进行了比较,发现归一化植被指数在检测植被变化方面能取得最好的结果。Chen 等(2003)利用改进的变化矢量分析法对土地利用和地表覆盖变化进行检测。Lambin(1996)利用变化矢量分析法检测土地利用变化。Johnson(1994)利用变化矢量分析法对灾害进行评估。刘臻等(2005)以高空间分辨率影像为数据源,通过将变化向量分析与相似度验证方法相结合,对城市中的街道和建筑物等目标进行自动变化检测。Allen 等(2000)利用变化矢量分析法对针叶林变化进行检测。

对于变换法,主要包括主成分分析法(principal components analysis,PCA)、独立成分分析(independent component analysis,ICA)、缨帽变换、正交变换和 Chi-square 变换。由于主成分分析方法可以有效地去除冗余信息,降低数据的相关性,被广泛地应用于变化检测。Deng 等(2008)利用主成分分析方法对多时相数据进行土地利用变化检测,并与分类后比较法相比,主成分分析法具有更高的变化检测精度。Li 等(1998)利用主成分分析方法对城镇发展进行检测,结果表明该方法可以有效地减少变化检测的误差。邓劲松等(2009)利用多时相主成分分析光谱增强和多源光谱分类器相结合的方法进行城市土地利用变化检测,结果表明多时相主成分分析光谱增强后得到的前 3 个主成分集中了绝大部分光谱信息,其中第一主成分和第二主成分增强了土地利用未发生变化的光谱信息,而变化信息主要集中在第三主成分,变化检测结果精度有了较大的提高。此外,经过研究表明标准主成分分析方法比非标准主成分分析法更能有效地进行变化检测,故多利用相关系数阵代替方差矩阵的标准主成分分析方法进行变化检测(Eastman et al,1993;Fung et al,1987;Singh et al,1985)。武辰等(2012)利用独立成分分析方法对高光谱遥感影像进行变化检测,对差值影像进行基于偏斜度的独立成分分析,在不同组分图中分别显示单一地物的变化情况,进而提取变化信息,试验表明检测效果优于传统方法。Seto 等(2002)利用缨帽变换进行土地利用的变化检测。Collins 等(1994,1996)利用正交变换进行森林的变化检测,取得了较好的结果。Ridd 等(1998)利用 Chi-square 变换对城镇环境进行了变化检测。

分类后变化检测不但能够检测变化,而且能够提供变化类型,也是常用的土地利用和土地覆盖变化检测的方法。Im 等(2005)利用决策树分类和邻域相关影像分析进行变化检测,使变化检测精度有了很大提高,Liu 等(2004)利用分类后比较法进行土地利用覆盖的变化检测,Serra 等(2003)利用分类后比较的方法对不同传感器获取的数据进行变化检测,证明了分类方法对处理不同传感器数据的优越性,Walter(2004)利用面向对象的方法对高分辨率遥感影像先进行分割,然后进行面向对象的分类,取了较好的效果,Munyati(2000)利用分类后比较法对湿地变化进行检测。此外,人工神经网络分类方法也被用来对多时相遥感影像进行分类,在此基础之上进行分类后的变化检测(Alvanitopoulos et al,2010;Liu et al,2002;Woodcock et al,2001),同时支持向量机(support vector machine,SVM)方法被广泛应用于遥感影像处理,Habib 等(2009)利用支持向量机分类方法进行非监督的变化检测。

高级模型方法主要包括：Li-Strahler 反射模型，主要用来计算针叶林树冠范围，进行针叶林的变化检测（Macomber et al，1994）；光谱混合模型，主要用来进行陆地覆盖变化检测（Adams et al，1995；Ustin et al，1998）；生物物理参数模型，主要用来检测热带森林的变化（Lu et al，2002）。

近年来，GIS 集成方法也是常用的变化检测方法之一。通过 GIS 系统集成多源数据（航空影像、TM、SPOT 和专题地图等）进行变化检测（Mouat et al，1996；Salami，1999；Weng，2002），Lo 等（1990）利用 GIS 方法通过集成多时相航空数据估计香港新发展城镇对社会环境的影响，Yang 等（2002）首先利用聚类的方法处理影像，然后利用 GIS 方法进行空间精化，最后利用分类后比较的方法进行变化检测，结果证明 GIS 方法在对多源数据处理中优势明显。

视觉分析法也主要是通过不同波段的数据进行 RGB 融合，通过目视解译进行变化检测（Jensen et al，1987）。Ulbrichta 等（1998）利用目视解译方法对海岸区域的变化进行检测，Sader 等（1992）利用视觉分析方法检测森林的变化。此外，视觉分析法还被用来监测采伐区的变化（Asner et al，2002；Stone et al，1998），Salter 等（2000）利用该方法对地表覆盖进行了变化检测。

上述都是传统的变化检测方法，算术运算方法虽然计算简单也比较直接，但是没有考虑邻域信息并且多数方法需要确定变化阈值，设置阈值的不确定性导致变化检测结果容易产生大量的误差；变换方法能够在一定程度上去除冗余信息，但是变化后的处理手段多是人工视觉分析或者通过确定阈值来检测变化，缺乏自动性；分类后比较方法虽然能够提供变化类别信息和对多源数据适用性较强，但变化检测精度受分类精度影响较大，且对地面参考数据要求较高；视觉分析方法在一定程度上直接反映了变化信息和区域，但人工干涉过多，费时费力且增加了检测结果的不确定性。

针对传统的差分方法难以确定阈值的不确定性问题，对差分影像进行后处理的方法被大量地研究，通过利用模式识别和智能计算中的方法处理差分影像进行变化检测，并取得了较多的研究成果。有些学者假设由两时相影像生成的差分影像符合混合高斯分布，通过对其进行参数估计进行变化检测（Bazi et al，2005；Celik，2010，2011），Ghosh 等（2007，2009，2011，2013）利用神经网络进行变化检测，遗传算法、小波变换、形态学、支持向量机（Volpi et al，2013）等方法也被用于变化检测。针对现实情况中不同数据源的问题，许多学者研究如何将多源数据有效地进行集成，从而实现高效和可靠的变化检测，提出了许多有效的集成方法（Gungor et al，2010；Gong et al，2011；Petit et al，2001），如 GIS 和 RS 结合（Baboo et al，2010）、遥感影像与 LiDAR 数据结合（Chen et al，2010）及 DSM、多光谱、高光谱遥感影像结合。

除上述方法外，光谱与空间信息结合的变化检测也是降低遥感数据本身及变化检测不确定性、提高变化检测结果精度的重要途径之一,主要分为像素级(较典型的有主动轮廓模型和 MRF 方法)、对象级(面向对象的变化检测方法)和特征级(融合多特征的变化检测方法)三类。

主动轮廓模型最早是由 Kass 等于 1987 年提出的,它由轮廓内部灰度值差异能量和外部灰度值差异能量决定,主动轮廓线的形状及其在影像中的位置等空间信息决定了模型的能量。轮廓内外的像素匀质性越强,会得到越小的局能量,在局部能量最小化原则下,驱动主动轮廓移动和演化,最终轮廓线停在要提取的物体边缘附近,可以通过调节轮廓长度参数得到不同平滑程度的变化检测结果。Jing 等(2011)利用全局最小的主动轮廓模型检测海面浮油边界,取得了较好的结果。Shi 等(2014)提出利用模糊主动轮廓与遗传算法结合提取两时相 SAR(synthetic aperture radar)数据中变化信息的方法。Li 等(2015)在主动模型中加入局部统计信息,通过在传统的主动轮廓能量中加入模糊长度和模糊惩罚系数能量,提高变化检测精度。Bazi 等(2010)提出一种多尺度主动轮廓模型策略,提高主动轮廓模型在变化检测时的稳定性和检测结果精度。小波分解与主动轮廓模型结合的变化检测方法也被提出并用于变化检测。首先,利用小波分解处理差分影像,生成多尺度的差分影像,然后,利用主动轮廓模型对多尺度数据进行变化检测(Celik et al,2011;Chen et al,2013)。Ardila 等(2012)利用主动轮廓模型检测城市树木变化并用于更新城市树冠基础数据,并验证了方法的有效性。虽然利用主动轮廓模型进行变化检测的方法取得了一定的成果,但是传统的主动轮廓模型中初始轮廓和轮廓长度控制参数的设置严重影响了变化检测结果的精度,这一问题还未得到有效的解决。

MRF 方法以马尔可夫模型和贝叶斯理论为基础,利用马尔可夫模型将不确定性描述和先验知识结合,并针对初始变化检测结果,根据最优准则确定变化检测的目标函数,在此基础之上求解达到这些条件的最大可能分布,最终通过光谱和空间信息结合完成对初始变化检测结果的精化,通过求解最优问题实现变化检测。MRF 方法可以用于对多种变化检测结果进行融合(Melgani et al,2006;Xiong et al,2012),也可直接用于两时相影像的变化检测(Jin et al,2009)。宋研等(2009)提出一种扩展的 MRF 方法,江利明等(2006)利用最大期望(expectation maximization,EM)算法与 MRF 结合对 SAR 影像进行变化检测。Benedek 等(2009)利用多层条件混合马尔可夫模型,通过集成全局灰度统计与局部的对比特征进行变化检测。Wang 等(2013)在 MRF 中加入除光谱和标记场之外的光谱相似能量用于提高变化检测的精度。Moser 等(2009)利用 EM 算法估计参数,通过 MRF 将两时相 SAR 影像各波段的邻域像素之间的空间信息结合,进行变化检测。Chen 等(2013)提出首先提取差分影像中的边缘,然后根据 MRF 中邻域像素灰度级的区别建立自适应的先验能量系数,用于变化检测。Tso 等(2005)提出根据模糊边缘定义 MRF 中空间信息惩罚系数的分类方法,用于减弱对边缘的过度平滑。Gong 等(2014)通过引入模糊 C 均值(fuzzy C-means,FCM)聚类的隶属度信息,利用空间邻域信息加入新的多项式,从而修改邻域像素的隶属度,提高变化检测的精度。现有研究表明,传统的 MRF 对像素的空间邻域关系定义不够准确,容易造成边缘等细节的过度平滑,并且现有的方法对差分影像中所有像素设置相同的空间信息权重,极易造成空间信息的过度利用,造成细节变化的漏检。

随着遥感技术的发展,高分辨率传感器的发射使高分辨率遥感影像的获取变得相对容易,成为变化检测领域中的新数据。然而传统的算法是针对中、低分辨率的影像,不适用于高分辨率影像,因此面向对象的遥感影像处理方法应运而生,它可以利用光谱和空间信息将高分辨率影像进行分割,以分割后的图斑为对象进行分析(Benz et al,2004;Blaschke,2010;Ouma et al,2008)。王慕华等(2009)提出一种利用区域特征实现特定目标的变化检测方法,对伊朗的标志性建筑巴姆古城在 2003 年地震前后的变化进行检测,检测结果的精度为 89.73%。申邵洪等(2009)以图斑为基本分析单元,结合差异影像法和支持向量机分类后比较法对高分辨率遥感影像进行变化检测,提高了检测精度,并能提供变化类型。赖祖龙等(2009)根据光谱特性对影像进行分割,然后以图斑为基本单元,利用 t 检验方法,并与相关系数法相结合进行变化检测研究。Pacifici 等(2010)利用脉冲耦合神经网络对高分辨率遥感影像进行面向对象的变化检测。Tang 等(2011)利用面积对象的思想首先对影像进行分割,然后对分割后的对象尺度进行调整,最后利用 Kolmogorov-Smirnov 检验进行高分辨率遥感影像的变化检测。Lu 等(2011)利用面向对象的变化检测进行滑坡的快速检测,用户精度达到 81.8%。Al-Khudhairy 等(2005)利用面向对象的变化检测方法,在分割和分类的基础上对军事行动后的结构损坏进行变化检测。多数针对高分辨率遥感影像的变化检测方法以面向对象的分割为前提,但分割尺度的不确定性极易在变化检测过程中引入噪声,降低变化检测结果可靠性。

由于遥感数据本身存在"同谱异物"和"同物异谱"现象,使仅利用灰度信息提取变化信息存在着很多不确定性。针对这一现象,很多学者从遥感数据中提取更多的空间信息,提出多特征融合的变化检测方法,并取得了较好的效果(杜培军等,2012;张永梅 等,2013)。有些研究利用小波变换生成多尺度的特征,在此基础之上提出针对多尺度特征的融合策略进行变化检测(Benz et al,2004;Bovolo et al,2005;Celik et al,2011;Cui et al,2012;Gong et al,2012),有些研究对不同确定阈值方法生成的多种初始变化检测结果进行融合,来增强变化检测结果的可靠性(Du et al,2012,2013;Ma et al,2012),还有利用光谱与纹理特征结合进行变化检测的方法(陈志鹏 等,2002;韩晶 等,2012;朱朝杰 等,2006)。基于 Dempster-Shafe(DS)证据理论融合光谱和纹理特征的变化检测也是一种有效的变化检测方法(汪闽 等,2010;Le Hégarat-Mascle et al,2004,2006)。除此之外,方圣辉等(2005)结合边缘特征和灰度信息进行变化检测研究,该检测方法对于检测线状目标变化具有较好的效果。袁修孝等(2007)提出了综合应用光谱和纹理特征的建筑物变化检测方法,提高了检测的精度,改善了投影差异所产生的误检测现象。季顺平等(2007)通过将阴影视为提取目标,其他地物视为背景来提取建筑物的阴影,在此基础之上利用阴影对建筑物进行变化检测。Bouziani 等(2010)利用现有的地理数据提供地物信息并建立相应模型,对高分辨率遥感影像进行分类,利用建立的模型将分割后的对象与现有数据进行比较,检测建筑物的变化并进行地形图的更新。虽然基于多特征融合的变化检测方法已取得一些研究成果,但如何更好地提取有效特征、选取更可靠的融合方法都需要进一步研究。

　　从上述研究可以看出,光谱与空间信息结合的变化检测方法可以降低遥感数据本身和变化检测方法等不确定性对变化检测结果的影响,但总体来说还不够成熟,需要进一步深入研究,通过增强空间信息的准确性,提出更可靠的光谱与空间信息结合的变化检测方法,提高变化检测结果精度。

1.2.3　变化检测结果精度评价

　　对于变化检测结果精度的评价,目前主要采用将变化检测结果与地面参考数据进行比较的方式,精度越高的变化检测结果越可靠。利用变化检测误差矩阵的形式,如表 1.1 所示,基本指标有虚检率、漏检率、总错误率和 Kappa 系数(Bovolo et al,2010)。

　　(1)漏检像素(missed detection,MD):参考数据中的变化像素被错误地检测为未变化像素的数目。

　　漏检率(percentage of missed alarms,PMA)可由 $P_m = MD/N_0 \times 100\%$,其中 MD 为漏检像素数目,N_0 为参考数据中变化像素的数目。

　　(2)虚检像素(false alarms,FA):参考数据中未变化的像素被错误地检测为变化像素的数目。

　　虚检率(percentage of false alarms,PFA)可由 $P_f = FA/N_1 \times 100\%$,其中 FA 为虚检像素的数目,N_1 为参考数据中未变化像素的数目。

　　(3)总错误像素(total errors,TE):总的检测错误的像素数目,包括漏检像素和虚检像素。

　　总错误率(percentage of total errors,PTE)可由 $P_t = (MD+FA)/N \times 100\%$,其中 N 为总的像素数目。

　　(4)Kappa 系数可根据 $Kappa = (P_0 - P_c)/(1 - P_c)$ 计算,表示检测结果与参考数据的一致性,$P_0 = (TC+TU)/N$,$P_c = (N_0 \times N_0')/N^2 + (N_1 \times N_1')/N^2$,其中 TC 为检测正确的变化像素数目,TU 为检测正确的未变化像素数目,N_0' 是检测为

变化的像素数目,N'_1是检测为未变化的像素数目。

表 1.1 变化检测误差矩阵

参考数据 ＼ 检测结果	变化	未变化	行统计
变化	TC	MD	N_0
未变化	FA	TU	N_1
列统计	N'_0	N'_1	N

1.2.4 存在的问题

如上文所述,现有的变化检测技术存在着以下不足:

(1)现有变化检测方法多利用模式识别等先进算法处理差分影像,但多数仅利用影像的灰度信息,没有充分利用空间信息,不能有效地降低遥感数据本身存在的混合像素、模糊边界、同物异谱和同谱异物等不确定性问题对变化检测结果的影响。因此,需要进一步深入研究空间信息在变化检测中的应用,提高变化检测结果精度。

(2)现有的光谱与空间信息结合进行变化检测的方法可分为像素级、对象级和特征级,但多数方法对空间信息的利用还不够准确:①在现有的利用光谱与空间信息结合的主动轮廓模型变化检测方法中,仅简单地利用能量函数将差分影像分为能量最小的两部分,却未考虑差分影像中变化和未变化两部分像素在灰度直方图中真实的分布情况。此外,主动轮廓模型中轮廓长度参数设置的不确定性极大地影响了变化检测结果的精度,如何适当地减弱其对变化检测精度的影响还需要进一步研究。②在现有的像素级的 MRF 变化检测方法中,对空间邻域像素多采用硬性的"0"、"1"标记,通过统计邻域中相同标记的数目表示像素之间的空间邻域关系,不符合影像中存在较多混合像素的情况,对空间邻域关系的定义不够准确,且对影像中所有像素采用相同的空间信息权重,极易造成空间信息的过度利用,引起细节变化的过度平滑,降低变化检测结果精度。③现有的面向对象的变化检测方法一般需要对影像进行分割,然后对分割后的对象进行变化检测。然而,由于地物的复杂性,不同的地物有不同的最佳分割尺度,分割尺度的不确定性极易降低变化检测结果的精度,如何降低分割尺度不确定性对变化检测精度的影响还需要深入研究。④在特征级融合多特征的变化检测方法虽然取得了一定的研究成果,但还不够成熟。在融合过程中,不一定融合的特征越多,就能得到越高精度的变化检测结果。如何提取并选择有效的光谱和空间特征和特征融合方法还需要进一步的研究。

第 2 章　基于主动轮廓模型的遥感影像变化检测

　　由于自然界中地物的复杂性和遥感影像空间分辨率的限制,遥感影像中许多地物边缘像素的光谱信息是渐变的,导致利用遥感影像进行变化检测时容易在边界处出现检测错误。此外,受两时相遥感影像获取时太阳光照、地表湿度、大气等影响,变化检测结果中经常会出现噪声。针对这些问题,Chan 和 Vese(CV)提出的基于 Mumford-Shah 模型和水平集方法的主动轮廓影像分割方法,不依赖于梯度来判定边缘,具有自动改变拓扑结构、对噪声敏感度低、可提取内部有空洞的目标等优点,且对边缘模糊的目标能取得较好的分割结果。由于遥感影像的非监督变化检测可以看作是将差分影像分割为变化和未变化两部分,因此本章引入 CV 主动轮廓模型用于变化检测。

　　原始的 CV 主动轮廓模型需要初始轮廓,直接用于变化检测,容易引起虚检错误,且易受轮廓长度参数 μ 的影响,无法在保留细节变化和去除噪声之间达到较好的平衡。为此,本书分别在像素级、特征级和对象级提出如下三种基于 CV 主动轮廓模型的变化检测方法:①EM 算法与主动轮廓模型结合的变化检测方法,利用 EM 算法估计的变化和未变化像素的均值,在主动轮廓模型中引入新的能量多项式,提高像素级变化检测结果的精度和稳定性;②基于主动轮廓模型的优势融合变化检测方法,针对不同 μ 值生成不同尺度的变化检测结果,提出特征级的优势融合策略,减弱参数 μ 对变化检测结果的影响;③在对象级,提出利用主动轮廓模型检测由地震引起的倒塌建筑物的方法,将震前 GIS 数据中建筑物的轮廓作为主动轮廓模型的初始轮廓,处理震后高分辨率遥感影像提取建筑物同质区。在此基础上,通过分析震前建筑物轮廓与提取的震后建筑物同质区的相关性,检测由地震引起的倒塌建筑物。震前的 GIS 数据既提供了建筑物的位置信息,又为主动轮廓模型提供了初始轮廓,有利于提高检测精度。

2.1　主动轮廓模型

　　主动轮廓模型也称 Sanke 模型,最早是由 Kass 等于 1987 年提出的。主动轮廓模型由轮廓内部灰度值差异能量和外部灰度值差异能量决定,主动轮廓线的形状及其在影像中的位置等空间信息决定了模型的能量。当轮廓内外的像素匀质性越强,则会得到越小的局能量,在局部能量最小化原则下,驱动主动轮廓移动和演化,最终实现目标的提取。

主动轮廓模型一般分为参数模型和几何模型两类。但参数模型不能自适应改变拓扑结构,且对初始轮廓线要求较高。几何模型是根据轮廓内像素灰度值的同质性来提取目标物体的,具有较好的自适应性。在 2001 年由 Chan 和 Vese 提出主动轮廓方法能够提取没有清晰边界和内部有空洞的目标,并且对噪声敏感度低,且能自动改变拓扑结构,在影像分割和目标提取等领域得到了广泛应用。

2.1.1 影像分割问题的公式化

假设图像中的边界轮廓 C 将影像分为若干个近似同质的区域,目的是找到真正的影像边界,实现影像的最优分割。假设闭合主动轮廓线 C 将影像分为内部区域 $\mathrm{I}(C)$ 和外部区域 $\mathrm{O}(C)$,在此基础上,实现影像分割的能量函数可写成如下形式(Chan et al,2001):

$$E(C) = E_1(C) + E_2(C) = \int_{\mathrm{I}(C)} \mid u(x,y) - c_1 \mid^2 \mathrm{d}x\mathrm{d}y +$$
$$\int_{\mathrm{O}(C)} \mid u(x,y) - c_2 \mid^2 \mathrm{d}x\mathrm{d}y \qquad (2.1)$$

式中,c_1 和 c_2 分别表示曲线 C 内部区域和外部区域的平均灰度,$u(x,y)$ 表示影像上像素的灰度值。$\int_{\mathrm{I}(C)} |u(x,y) - c_1|^2 \mathrm{d}x\mathrm{d}y$ 表示像素灰度值与轮廓内部平均灰度值之差的平方和,同理,$\int_{\mathrm{O}(C)} |u(x,y) - c_2|^2 \mathrm{d}x\mathrm{d}y$ 表示像素值与轮廓外部平均灰度值之差的平方和。

如图 2.1 所示,分析式(2.1)表示的能量变化情况如下:

(1)若轮廓线 C 在实际边界外部,则 $E_1(C) > 0$,$E_2(C) \approx 0$,所以 $E(C) > 0$;

(2)若轮廓线 C 在实际边界内部,则 $E_1(C) \approx 0$,$E_2(C) > 0$,所以 $E(C) > 0$;

(3)若 C 同时在内部和外部,那么 $E_1(C) > 0$,$E_2(C) > 0$,所以 $E(C) > 0$;

(4)若轮廓 C 把影像分为两个同质区,即 $E_1(C) \approx 0$,$E_2(C) \approx 0$ 时,$E(C) \approx 0$,能量函数取得最小值。

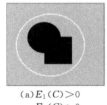   

(a)$E_1(C) > 0$ (b)$E_1(C) \approx 0$ (c)$E_1(C) > 0$ (d)$E_1(C) \approx 0$
   $E_2(C) \approx 0$ $E_2(C) > 0$ $E_2(C) > 0$ $E_2(C) \approx 0$

图 2.1 能量变化分析

在式(2.1)的基础上,通过加入主动轮廓的长度和面积,来获得基于区域特征的水平集模型

$$E(c_1,c_2,C) = \mu E_1 + vE_2 + \lambda_1 E_3 + \lambda_2 E_4$$
$$= \mu \mathrm{Length}(C) + v\mathrm{Area}(\mathrm{I}(C)) +$$
$$\lambda_1 \int_{\mathrm{I}(C)} |u(x,y)-c_1|^2 \mathrm{d}x\mathrm{d}y + \lambda_2 \int_{\mathrm{O}(C)} |u(x,y)-c_2|^2 \mathrm{d}x\mathrm{d}y \quad (2.2)$$

式中,$\lambda_1,\lambda_2>0,\mu>0,v>0$,一般取 $v=0,\lambda_1=\lambda_2=1$。$\mu$ 为轮廓长度参数,调节曲线与目标的适应程度,μ 越小,分割的边缘细节越准确,但噪声也越多;相反,噪声较少,分割边缘相对光滑,细节保留不够好。

因此,求目标影像的最优分割问题转化为求泛函的最小值问题

$$\min_{(c_1,c_2,C)} E(c_1,c_2,C) \quad (2.3)$$

2.1.2　基于区域的水平集模型

水平集方法(level set method)最先由 Osher 等(1988)提出,并用来求解和描述火苗外形变化的偏微分方程,是一种用 Euler 方法求解隐式表达的偏微分方程的实现方式,可用水平集方法表示主动轮廓,然后求解能量函数。在影像区域 Ω 中,C 为轮廓演化曲线,则根据轮廓定义水平集函数为

$$\left.\begin{array}{ll}\varphi(x,y)>0 & \text{当}(x,y)\text{在轮廓 }C\text{ 内部}\\ \varphi(x,y)=0 & \text{当}(x,y)\text{在轮廓 }C\text{ 上}\\ \varphi(x,y)<0 & \text{当}(x,y)\text{在轮廓 }C\text{ 外部}\end{array}\right\} \quad (2.4)$$

通过引入 Heaviside 函数 $H(z)$ 和 Dirac 函数 $\delta(z)$ 实现能量函数的水平集表达

$$H(z)=\begin{cases}0 & \text{当 }z\geqslant 0\\ 0 & \text{当 }z<0\end{cases} \quad (2.5)$$

$$\delta(z)=\frac{\mathrm{d}}{\mathrm{d}z}H(z) \quad (2.6)$$

在水平集表达轮廓曲线的基础上,利用式(2.5)和式(2.6)对原始的能量函数模型进行改进,如下式所示:

$$E(\varphi) = E_1 + E_2 + E_3 + E_4 \quad (2.7)$$

式中,

$$\left.\begin{array}{l}E_1 = \mathrm{Length}(\varphi=0) = \int_\Omega |\nabla H(\varphi)|\mathrm{d}x\mathrm{d}y = \int_\Omega \delta(\varphi)|\nabla\varphi|\mathrm{d}x\mathrm{d}y\\[4pt] E_2 = \mathrm{Area}(\varphi\geqslant 0) = \int_\Omega H(\varphi)\mathrm{d}x\mathrm{d}y\\[4pt] E_3 = \int_\Omega |u(x,y)-c_1|^2 H(\varphi)\mathrm{d}x\mathrm{d}y\\[4pt] E_4 = \int_\Omega |u(x,y)-c_2|^2 (1-H(\varphi))\mathrm{d}x\mathrm{d}y\end{array}\right\} \quad (2.8)$$

c_1 和 c_2 分别为轮廓内外像素的平均值,用如下公式求得:

$$c_1 = \frac{\int\limits_{\Omega} u(x,y) H(\varphi) \mathrm{d}x\mathrm{d}y}{\int\limits_{\Omega} H(\varphi) \mathrm{d}x\mathrm{d}y}$$

$$c_2 = \frac{\int\limits_{\Omega} u(x,y)(1 - H(\varphi)) \mathrm{d}x\mathrm{d}y}{\int\limits_{\Omega} (1 - H(\varphi)) \mathrm{d}x\mathrm{d}y} \tag{2.9}$$

引入规整化的 Heaviside 函数 $H_\varepsilon(z)$ 和 Dirac 函数 $\delta_\varepsilon(z)$ 来代替原来的函数 $H(z)$ 和函数 $\delta(z)$,其表达式如下:

$$H_\varepsilon(z) = \begin{cases} 1 & \text{当 } z > \varepsilon \\ 0 & \text{当 } z < -\varepsilon \\ \dfrac{1}{2}\left(1 + \dfrac{2}{\pi}\arctan\left(\dfrac{z}{\varepsilon}\right)\right) & \text{当 } |z| \leqslant \varepsilon \end{cases} \tag{2.10}$$

$$\delta_\varepsilon(z) = \begin{cases} 0 & \text{当 } |z| > \varepsilon \\ \dfrac{1}{\pi}\dfrac{\varepsilon}{\varepsilon^2 + z^2} & \text{当 } |z| \leqslant \varepsilon \end{cases} \tag{2.11}$$

当 $\varepsilon \to 0$ 时,$H_\varepsilon(z)$ 和 $\delta_\varepsilon(z)$ 分别收敛到 $H(z)$ 和 $\delta(z)$。

令 c_1 和 c_2 保持不变,用偏微分方法求解能量函数对于 φ 的最小值,此时,函数 φ 满足欧拉-拉格朗日(Euler-Lagrange)公式,因此可用式(2.12)求解能量泛函,其中 t 为加入的时间变量,$\varphi(0,x,y)$ 表示加入时间变量后,$\varphi(t,x,y)$ 函数在 $t=0$ 时刻的值与初始的 $\varphi_0(x,y)$ 函数值相同。

$$\begin{aligned} \frac{\partial \varphi}{\partial t} &= \delta_\varepsilon(\varphi)\left[\mu \nabla \frac{\nabla \varphi}{|\nabla \varphi|} - v - \lambda_1 |u(x,y) - c_1|^2 + \lambda_2 |u(x,y) - c_2|^2\right] \\ \varphi(0,x,y) &= \varphi_0(x,y) \end{aligned} \tag{2.12}$$

式中,∇ 为梯度算子,$\nabla\varphi$ 表示 φ 的梯度。

$$\begin{aligned} \frac{\varphi_{i,j}^{n+1} - \varphi_{i,j}^{n}}{\Delta t} = \delta_\varepsilon(\varphi_{ij}^n)&\left[\frac{\mu}{h^2}\Delta^x_-\left(\frac{\Delta^x_+ \varphi_{i,j}^{n+1}}{\sqrt{(\Delta^x_+ \varphi_{i,j}^n)^2/h^2 + (\varphi_{i,j+1}^n - \varphi_{i,j-1}^n)^2/h^2}}\right)+\right. \\ &\frac{\mu}{h^2}\Delta^y_-\left(\frac{\Delta^y_+ \varphi_{i,j}^{n+1}}{\sqrt{(\Delta^y_+ \varphi_{i,j}^n)^2/h^2 + (\varphi_{i,j+1}^n - \varphi_{i,j-1}^n)^2/h^2}}\right)- \\ &\left. v - \lambda_1(u_{i,j} - c_1(\varphi^n))^2 + \lambda_2(u_{i,j} - c_2(\varphi^n))^2\right] \end{aligned} \tag{2.13}$$

CV 方法使用有限差分的隐式策略来离散化水平集方程式(2.12),设空间步长为 h,时间步长为 Δt,经过离散化和线性化后的曲线演化公式可用式(2.13)表示,其中 $\varphi_{i,j}^n$、$\varphi_{i,j}^{n+1}$ 分别表示在像素点 (i,j) 处,第 n、$n+1$ 次迭代的水平集函数值,Δ_+ 和 Δ_- 分别表示向前、向后差分算子:

$$\left.\begin{array}{l}\Delta_{-}^{x}\ \varphi_{i,j} = \varphi_{i,j} - \varphi_{i-1,j},\Delta_{+}^{x}\ \varphi_{i,j} = \varphi_{i+1,j} - \varphi_{i,j}\\[2mm]\Delta_{-}^{y}\ \varphi_{i,j} = \varphi_{i,j} - \varphi_{i,j-1},\Delta_{+}^{y}\ \varphi_{i,j} = \varphi_{i,j+1} - \varphi_{i,j}\end{array}\right\} \tag{2.14}$$

2.2　EM算法与主动轮廓模型结合的变化检测方法

传统的主动轮廓模型用于变化检测时,利用局部最小能量作为有利因素,驱动轮廓演化,通过实现轮廓内外能量的最小值寻找最优轮廓,将影像分为未变化和变化两部分。然而,传统的主动轮廓模型未能充分考虑变化检测中变化和未变化像素灰度值的直方图分布特性,无法得到最优的变化检测结果,本书提出一种像素级的基于 EM 算法与主动轮廓模型结合的变化检测方法(EMAC)。

2.2.1　检测方法与流程

本书提出的 EM 算法与主动轮廓模型结合的变化检测方法流程如图 2.2 所示。

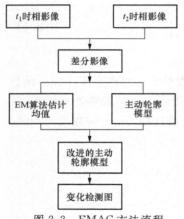

图 2.2　EMAC 方法流程

1)利用变化矢量分析法处理两时相影像,生成差分影像

变化矢量分析方法最早由 Malila(1980)提出,既可以用来判断地物是否发生变化,也可以提供地物类别变化信息。变化矢量分析法将像素的光谱特征表示为向量,即用一维列向量表示每个像素 L 个波段的特征。通过计算两时相遥感影像差值,得到每个像素的变化矢量,从而生成两时相影像的变化强度图。变化矢量分析法中,变化矢量的大小即像素的变化强度,用欧氏距离表示,变化的类别用变化矢量的角度表示(Lambin et al,1996)。

假设 t_1 时相影像表示为 $\boldsymbol{X}_1 = \{x_1^b(i,j) | 1 \leqslant i \leqslant m, 1 \leqslant j \leqslant n, 1 \leqslant b \leqslant L\}$,$t_2$ 时相影像可表示为 $\boldsymbol{X}_2 = \{x_2^b(x,j) | 1 \leqslant i \leqslant m, 1 \leqslant j \leqslant n, 1 \leqslant b \leqslant L\}$,其中 m、n、L 分别为影像的行、列和波段数,$x_1^b(i,j)$ 和 $x_2^b(i,j)$ 分别表示两时相第 b 个波段第 i 行 j 列的像素灰度值。变化矢量可用下式计算:

$$\Delta \boldsymbol{X} = \boldsymbol{X}_1 - \boldsymbol{X}_2 = \begin{bmatrix} x_1^1(i,j) - x_2^1(i,j) \\ x_1^2(i,j) - x_2^2(i,j) \\ \vdots \\ x_1^L(i,j) - x_2^L(i,j) \end{bmatrix} \tag{2.15}$$

像素的变化强度用欧氏距离表示:

$$\| \Delta \boldsymbol{X} \| = \sqrt{\sum_{b=1}^{L} (x_1^b(i,j) - x_2^b(i,j))^2} \tag{2.16}$$

式中，$\Delta \boldsymbol{X}$ 包含了两时相影像中地物的变化类别信息，$\| \Delta \boldsymbol{X} \|$ 表示两时相影像的灰度差异强度，其值越大，像素发生变化的概率则越大。根据式(2.16)，便可得到差分影像 $\boldsymbol{X} = \| \Delta \boldsymbol{X} \| = \{x(i,j) | 1 \leqslant i \leqslant m, 1 \leqslant j \leqslant n\}$。

2)假设差分影像中未变化和变化像素符合混合高斯分布，利用 EM 算法估计未变化和变化像素的均值

假设差分影像 $\boldsymbol{X}$ 中像素灰度值符合混合高斯分布，如下式：

$$p(\boldsymbol{X}) = p(\boldsymbol{X}/W_1)P(W_1) + p(\boldsymbol{X}/W_2)P(W_2) \tag{2.17}$$

式中，$p(\boldsymbol{X})$、$p(\boldsymbol{X}/W_1)$ 和 $p(\boldsymbol{X}/W_2)$ 分别是差分影像 $\boldsymbol{X}$、变化像素 W_1 和未变化像素 W_2 的概率密度函数，$P(W_1)$ 和 $P(W_2)$ 分别是变化像素和未变化像素的先验概率。$p(\boldsymbol{X}/W_1)$ 和 $p(\boldsymbol{X}/W_2)$ 均为高斯函数，可表示为：

$$p(\boldsymbol{X}/W_k) = \frac{1}{\sigma_k \sqrt{2\pi}} \exp\left[-\frac{(\boldsymbol{X} - \mu_k)^2}{2\sigma_k^2} \right] \tag{2.18}$$

式中，$k \in (1,2)$ 表示变化和未变化像素，μ_k 和 σ_k 分别是相应类别像素的均值和方差。用 EM 算法估计变化和未变化像素的均值：

(1)初始化均值 μ_k、方差 σ_k 和先验概率 $P(W_k)$。本章中对差分影像设置阈值 d，提取初步变化和未变化像素。该阈值的经验计算公式为

$$d = \mu_{\boldsymbol{X}} + R\sigma_{\boldsymbol{X}} \tag{2.19}$$

式中，R 是一个常数，$\mu_{\boldsymbol{X}}$ 和 $\sigma_{\boldsymbol{X}}$ 分别表示差分影像的均值和方差。在此基础上，可以通过初步分类的变化和未变化像素，得到均值 μ_k、方差 σ_k 和先验概率$P(W_k)$，作为 EM 算法的初始值。

(2)计算期望步骤。利用式(2.17)和式(2.18)，根据式(2.20)计算后验概率为

$$P(W_k/x_i) = \frac{P(W_k)p(x_i/W_k)}{P(x_i)} \tag{2.20}$$

式中，$1 \leqslant i \leqslant mn$，$x_i$ 是差分影像中的第 i 个像素。

(3)最大化步骤。重新估计均值 μ_k、方差 σ_k^2 和先验概率 $P(W_k)$ 为

$$P^{t+1}(W_k) = \frac{\sum\limits_{i=1}^{mn} P^t(W_k/x_i)}{mn} \tag{2.21}$$

$$\mu_k^{t+1} = \frac{\sum\limits_{i=1}^{L} P^t(W_k/x_i)x_i}{\sum\limits_{i=1}^{L} P^t(W_k/x_i)} \tag{2.22}$$

$$(\sigma_k^2)^{t+1} = \frac{\sum\limits_{i=1}^{L} P^t(W_k/x_i)(x_i - \mu_k)^2}{\sum\limits_{i=1}^{L} P^t(W_k/x_i)} \tag{2.23}$$

式中,下标 t 和 $t+1$ 分别表示当前和下次迭代次数。

利用上面三步估计参数,并检查是否收敛。如果不满足收敛条件,则重复步骤(2)和步骤(3),直到收敛。最后,得到估计的变化和未变化两部分的像素灰度均值。

3)在传统的 CV 主动轮廓模型中引入估计的均值,分别加入未变化和变化的区分能量,增加两部分的判定精度

利用估计的变化和未变化像素的平均值,在传统主动轮廓模型式(2.2)中加入区分能量,增加变化和未变化像素的区分程度,本章中取 $v=0,\lambda_1=\lambda_2=1$,主动轮廓模型可改写为:

$$
\begin{aligned}
E(c_1,c_2,C) &= \mu E_1+\lambda_1 E_2+\lambda_2 E_3+\lambda_3 E_4+\lambda_4 E_5 \\
&= \mu \text{Length}(C)+\lambda_1\int_{I(C)}\mid u(x,y)-c_1\mid^2 \mathrm{d}x\mathrm{d}y+ \\
&\quad \lambda_2\int_{O(C)}\mid u(x,y)-c_2\mid^2\mathrm{d}x\mathrm{d}y+\lambda_3\int_{I(C)}\mid u(x,y)-\mu_1\mid^2\mathrm{d}x\mathrm{d}y+ \\
&\quad \lambda_4\int_{O(C)}\mid u(x,y)-\mu_2\mid^2\mathrm{d}x\mathrm{d}y
\end{aligned} \tag{2.24}
$$

式中,μ_1 和 μ_2 分别是变化和未变化像素的灰度平均值,增加的能量多项式 $\int_{I(C)}\mid u(x,y)-\mu_1\mid^2\mathrm{d}x\mathrm{d}y$ 表示像素灰度值与 EM 算法估计的变化像素平均灰度值之差的平方和,同理,$\int_{O(C)}\mid u(x,y)-\mu_2\mid^2\mathrm{d}x\mathrm{d}y$ 表示像素灰度值与 EM 算法估计的未变化像素平均灰度值之差的平方和。这两个能量多项式能够使主动轮廓在不需初始轮廓时检测变化,并增加变化和未变化像素的区分程度。

利用水平集函数 φ 代替式(2.24)中的未知变量 C,式(2.24)可改写为

$$E(\varphi)=\mu E_1+\lambda_1 E_2+\lambda_2 E_3+\lambda_3 E_4+\lambda_4 E_5 \tag{2.25}$$

式中

$$
\left.
\begin{aligned}
E_1 &= \text{Length}(\varphi=0)=\int_\Omega\mid\nabla H(\varphi)\mid\mathrm{d}x\mathrm{d}y=\int_\Omega\delta(\varphi)\mid\nabla\varphi\mid\mathrm{d}x\mathrm{d}y \\
E_2 &= \int_\Omega\mid u(x,y)-c_1\mid^2 H(\varphi)\mathrm{d}x\mathrm{d}y \\
E_3 &= \int_\Omega\mid u(x,y)-c_2\mid^2(1-H(\varphi))\mathrm{d}x\mathrm{d}y \\
E_4 &= \int_\Omega\mid u(x,y)-\mu_1\mid^2 H(\varphi)\mathrm{d}x\mathrm{d}y \\
E_5 &= \int_\Omega\mid u(x,y)-\mu_2\mid^2(1-H(\varphi))\mathrm{d}x\mathrm{d}y
\end{aligned}
\right\} \tag{2.26}
$$

令 c_1 和 c_2 保持不变,关于 φ 求能量泛函的最小值,可用式(2.27)求解能量泛函,其中 t 为加入的时间变量,$\varphi(0,x,y)$ 表示加入时间变量后,$\varphi(t,x,y)$ 函数在

$t=0$ 时刻的值与初始的 $\varphi_0(x,y)$ 函数值相同。

$$
\left.
\begin{aligned}
\frac{\partial \varphi}{\partial t} &= \delta_\varepsilon(\varphi)\left[\mu \nabla \frac{\nabla \varphi}{|\nabla \varphi|} - \lambda_1 \mid u(x,y) - c_1 \mid^2 + \lambda_2 \mid u(x,y) - c_2 \mid^2 - \right.\\
&\quad \left. \lambda_3 \mid u(x,y) - \mu_1 \mid^2 + \lambda_4 \mid u(x,y) - \mu_2 \mid^2 \right] \\
\varphi(0,x,y) &= \varphi_0(x,y)
\end{aligned}
\right\}
\quad (2.27)
$$

4)利用改进的主动轮廓模型处理差分影像,进行变化检测

利用改进后的主动轮廓模型处理差分影像,检测两时相影像中发生的变化。所有程序采用 MATLAB 2013a 实现,利用处理器为 2.0GHz、4.00GB 内存的笔记本电脑执行程序,采用漏检率、虚检率和总错误率等指标评价变化检测结果精度。

2.2.2　实验结果与分析

1. 实验一

实验一所用数据是两幅大小为 400 像素×400 像素的多光谱影像,分别由 Landsat 7 ETM＋传感器于 2001 年 8 月和 2002 年 8 月在辽宁省某地区获取。图 2.3(a)、(b)分别显示了两时相遥感数据的真彩色影像,两时相影像间的变化主要是由于农田种植作物的变化引起的。首先,将 t_1 时相影像配准到 t_2 时相影像,利用直方图匹配对配准后的两时相影像进行相对辐射校正,然后,利用变化矢量分析方法生成差分影像,如图 2.3(c)所示。

在此基础之上,利用 EM 算法估计差分影像中变化和未变化像素的灰度平均值。初始值控制常数 T 以 0.5 为步长在[−1,1]变化,用来讨论初始值对 EM 估计的变化和未变化像素灰度平均值的影响。对于不同初始值,EM 算法估计的均值如表 2.1 所示。图 2.3(d)、(e)分别为未变化像素和变化像素的灰度直方图,通过对比该图和表 2.1 中估计的平均值可以看出,EM 算法可以比较准确地估计变化和未变化像素的灰度平均值。此外,对不同的初始值,EM 算法也能稳定地估计两类像素的灰度平均值。

表 2.1　实验一不同初始值下估计的变化和未变化像素的平均值

R	d	初始值		估计值	
		μ_1	μ_2	μ_1	μ_2
−1	−0.8	—	—	—	—
−0.5	10.1	32.2	4.4	46.2	13.5
0	21.0	45.3	8.8	46.2	13.5
0.5	31.9	56.7	11.5	46.3	13.5
1	42.9	65.2	13.3	46.3	13.5

利用增加了变化和未变化像素区分能量的主动轮廓模型对差分影像进行处

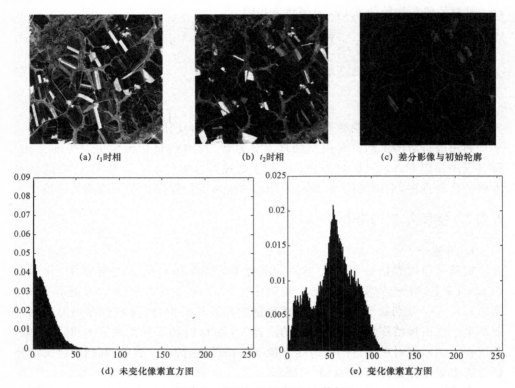

图 2.3　实验一所用 ETM＋数据

理,检测两时相影像之间的变化。改进的主动轮廓模型中使用的初始轮廓为若干圆形,如图 2.3(c)所示。从实验中得出,初始轮廓的数目不会影响检测结果的精度,本实验中选取 4 个圆形,均匀地覆盖差分影像。

　　为证明提出方法的有效性,本书采用不同的变化检测方法同时进行实验和对比,包括 LSII(Li et al,2011)、MRSFE(Li et al,2008)、DRLSE(Li et al,2010)、CV、MLS 和 MLSK(Bazi et al,2010)等。图 2.4 为本书采用的各种方法所产生的变化检测结果,图 2.4(h)为地面参考数据,通过对比两时相影像人工数字化生成。CV、MLS、MLSK 和提出的 EMAC 中参数 $\mu=0.1$,可以在去除噪声与保留变化细节之间取得较好的平衡。LSII 方法生成的变化检测图中包含大量的虚检像素,DRLSE 和 CV 模型生成的结果中有较多的噪声,MRSFE、MLS、MLSK 和 EMAC 方法生成的变化检测结果与地面参考数据比较相似,但提出的 EMAC 方法能够检测出更完整的变化区,在去除噪声和保留细节变化之间取得更好的平衡。为定量评价 EMAC 用于变化检测的有效性,采用漏检率 P_m、虚检率 P_f 和总错误率 P_t 等指标定量评价各方法变化检测结果的精度,如表 2.2 所示。EMAC 方法的漏检率、虚检率和总错误率分别为 25.1%、3.2% 和 7.3%,与其他方法相比,能够生成总错误率最低的变化检测结果,并且不需要特别的初始轮廓,从而验证了提出方法的有效性。从表 2.2 中的计算时间看出,提出的方法所需的计算时间与 MLSK 方法相同,并相比其他方法需要更短的计算时间。

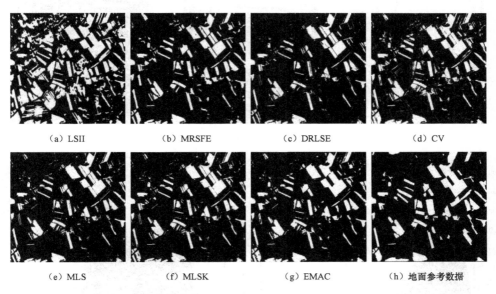

（a）LSII　　　　（b）MRSFE　　　　（c）DRLSE　　　　（d）CV

（e）MLS　　　　（f）MLSK　　　　（g）EMAC　　　　（h）地面参考数据

图 2.4　实验一数据的变化检测结果

表 2.2　实验一变化检测结果精度

方法	漏检错误		虚检错误		总错误		T/s
	像素数	P_m/%	像素数	P_f/%	像素数	P_t/%	
LSII	5 787	19.1	32 296	24.9	38 083	23.8	102.5
MRSFE	7 423	24.5	6 485	5.0	13 908	8.7	23.2
DRLSE	9 149	30.2	4 021	3.1	13 440	8.4	66.4
CV	6 302	20.8	9 858	7.6	16 160	10.1	25.3
MLS	7 877	26.0	4 929	3.8	12 806	8.0	9.7
MLSK	7 483	24.7	5 059	3.9	12 542	7.8	8.3
EMAC	7 604	25.1	4 151	3.2	11 755	7.3	8.3

2. 实验二

实验二所用数据是两幅大小为 512 像素×512 像素的高分辨率影像,分别由 QuickBird 传感器于 2005 年 5 月和 2007 年 3 月于徐州某地区获得。图 2.5(a)、(b)分别显示了两时相影像,两时相影像间的变化主要是由于建筑物变化引起的。将 t_1 时相影像配准到 t_2 时相影像,利用直方图匹配对配准后的两时相影像进行相对辐射校正,然后,利用变化矢量分析方法生成差分影像,如图 2.5(c)所示。图 2.5(d)、(e)分别为未变化像素和变化像素的灰度直方图。

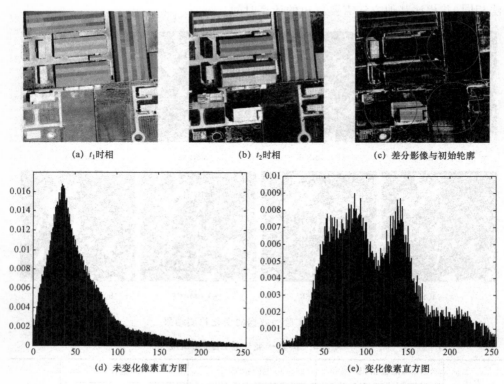

(a) t_1时相　　　　　　(b) t_2时相　　　　　　(c) 差分影像与初始轮廓

(d) 未变化像素直方图　　　　　　　　(e) 变化像素直方图

图 2.5　实验二所用 QuickBird 数据

　　然后利用 EM 算法估计差分影像中变化和未变化像素的灰度平均值。初始值控制常数 T 仍以 0.5 为步长在[−1,1]内变化,用来讨论初始值对 EM 估计的变化和未变化像素灰度平均值的影响,如表 2.3 所示。通过对比图 2.5(d)、(e)与表 2.3 可以看出,EM 算法可以比较准确地估计变化和未变化像素的灰度平均值,并且对于不同的初始值,均能稳定地估计两类像素的灰度平均值。

表 2.3　实验二不同初始值下估计的变化和未变化像素的平均值

R	d	初始值		估计值	
		μ_1	μ_2	μ_1	μ_2
−1	15.0	68.4	9.2	114.9	40.7
−0.5	39.3	87.9	24.5	115.0	40.7
0	63.5	112.8	34.6	115.0	40.8
0.5	87.8	138.5	42.2	115.5	40.8
1	112.0	160.5	47.4	115.5	40.8

利用改进的主动轮廓模型对差分影像进行处理,检测两时相影像之间的变化。在改进的主动轮廓模型中,仍利用 4 个圆形均匀覆盖差分影像,作为初始轮廓,如图 2.5(c)所示。为验证提出方法的有效性,本实验中同样将提出的 EMAC 方法与 LSII、MRSFE、DRLSE、CV、MLS 和 MLSK 等方法进行对比。图 2.6 为本书采用的各种方法所产生的变化检测结果,图 2.6(h)为地面参考数据,通过对比两时相影像人工数字化生成。在本实验中,CV 模型、MLS、MLSK 和提出的 EMAC 中 $\mu=0.1$,其他几种方法也通过实验获得最优的变化检测结果。LSII、MRSFE、DRLSE、CV、MLS 和 MLSK 方法生成的变化检测图中均包含大量的虚检像素,这是由于传统方法仅能通过将差分影像分为能量差异最小的两部分而实现变化检测,没有考虑差分影像中变化和未变化两类的分布情况。EMAC 方法生成的变化检测结果与地面参考数据相对接近,这是因为该方法不但考虑了差分影像中两类之间的能量情况,而且考虑了差分影像中变化和未变化类的实际分布情况,增加了两类的区分程度,在去除噪声和保留细节变化之间取得更好的平衡。

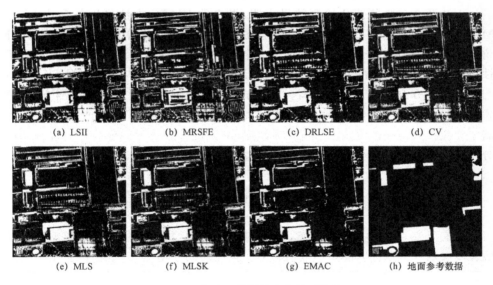

(a) LSII　　　　　(b) MRSFE　　　　　(c) DRLSE　　　　　(d) CV

(e) MLS　　　　　(f) MLSK　　　　　(g) EMAC　　　　　(h) 地面参考数据

图 2.6　实验二数据的变化检测结果

为定量评价不同方法生成的变化检测结果,本实验仍采用漏检率、虚检率和总错误率等指标进行评价,如表 2.4 所示。EMAC 方法中的漏检率、虚检率和总错误率分别为 48.2%、9.27% 和 14.1%,与其他方法相比,EMAC 方法能够生成总错误率最低的变化检测结果,且不需要特别的初始轮廓。从表 2.4 中的计算时间看出,EMAC 方法所需的计算时间稍快于 MLS 和 MLSK 方法,相比于其他四种方法均有较大提高。

表 2.4 实验二变化检测结果精度

方法	漏检错误		虚检错误		总错误		T/s
	像素数	$P_m/\%$	像素数	$P_f/\%$	像素数	$P_t/\%$	
LSII	9 568	31.1	57 614	24.9	67 182	25.7	175.7
MRSFE	15 228	49.5	53 912	23.3	69 140	26.4	46.2
DRLSE	9 506	30.9	41 880	18.1	51 386	19.6	67.8
CV	10 614	34.5	43 037	18.6	53 651	20.5	46.2
MLS	12 767	41.5	34 013	14.7	46 780	17.8	14.6
MLSK	12 521	40.7	34 707	15.0	47 228	18.0	17.0
EMAC	14 828	48.2	21 449	9.27	36 277	14.1	13.9

2.2.3 结 论

上述两个实验的变化检测结果表明,提出的 EMAC 方法可以得到比 LSII、MRSFE、DRLSE、CV、MLS 和 MLSK 方法精度更高的变化检测结果,对于不同分辨率的影像和地物的变化检测精度改善各有不同,但总体来说,EMAC 方法稳定性要好于本节中所用的其他方法,并且在计算时间上稍快于 MLS 和 MLSK 方法,与其他 4 种方法相比有较大提高。EM 方法与主动轮廓结合的变化检测方法,考虑了两时相影像中变化和未变化像素的实际分布情况,增加了两类的区分程度,提高了变化检测精度。但该方法也存在缺点,即假设差分影像中像素符合混合高斯分布,对于不满足假设条件的数据,变化检测结果不一定理想。

2.3 基于主动轮廓模型的优势融合变化检测方法

现有研究表明,主动轮廓模型是一种有效的变化检测方法。但是模型中的轮廓长度参数 μ 控制去除噪声与保留细节变化之间的平衡,影响变化检测结果的精度。一方面,当参数 μ 较小时,变化检测结果中含有较多的虚检像素;另一方面,当参数 μ 较大时,变化检测结果会丢失较多的细节变化(如小区域变化、变化区域的准确边缘等)。本节充分考虑不同参数值生成的变化检测结果的优势,在特征级提出一种基于主动轮廓模型的优势融合(ACAF)变化检测方法。

2.3.1 检测方法与流程

图 2.7 是基于主动轮廓模型的优势融合变化检测方法的流程,具体步骤如下。
1)利用变化矢量分析法生成差分影像,详细步骤请参考 2.2 节
2)采用 CV 主动轮廓模型,分别设置较小和较大的轮廓长度参数 μ_s 和 μ_l,生

成小尺度变化检测结果 M_s 和大尺度变化检测结果 M_l

　　利用估计的变化和未变化像素的平均值,在传统主动轮廓模型式(2.2)中取 $v=0,\lambda_1=\lambda_2=1$,主动轮廓模型可改写为

$$E(c_1,c_2,C)=\mu E_1+E_2+E_3=\mu\mathrm{Length}(C)+$$
$$\int_{\mathrm{I}(C)}|u(x,y)-c_1|^2\mathrm{d}x\mathrm{d}y+$$
$$\int_{\mathrm{O}(C)}|u(x,y)-c_2|^2\mathrm{d}x\mathrm{d}y \tag{2.28}$$

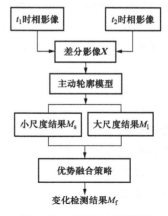

图 2.7　ACAF 方法流程

　　利用水平集函数 φ 代替式(2.28)中的未知变量 C,式(2.28)可改写为

$$E(\varphi)=\mu E_1+E_2+E_3 \tag{2.29}$$

式中

$$E_1=\mathrm{Length}(\varphi=0)=\int_\Omega|\nabla H(\varphi)|\mathrm{d}x\mathrm{d}y=\int_\Omega\delta(\varphi)|\nabla\varphi|\mathrm{d}x\mathrm{d}y$$
$$E_2=\int_\Omega|u(x,y)-c_1|^2H(\varphi)\mathrm{d}x\mathrm{d}y \tag{2.30}$$
$$E_3=\int_\Omega|u(x,y)-c_2|^2(1-H(\varphi))\mathrm{d}x\mathrm{d}y$$

　　令 c_1 和 c_2 保持不变,关于 φ 求能量泛函的最小值,可用式(2.31)求解,式中 t 为加入的时间变量,$\varphi(0,x,y)$ 表示加入时间变量后,$\varphi(t,x,y)$ 函数在 $t=0$ 时刻的值与初始的 $\varphi_0(x,y)$ 函数值相同。

$$\frac{\partial\varphi}{\partial t}=\delta_\varepsilon(\varphi)\left[\mu\nabla\frac{\nabla\varphi}{|\nabla\varphi|}-|u(x,y)-c_1|^2+|u(x,y)-c_2|^2\right]$$
$$\varphi(0,x,y)=\varphi_0(x,y) \tag{2.31}$$

　　分别设置 μ 的值为相对较小的 μ_s 和相对较大的 μ_l,生成大小两种尺度的变化检测结果 M_s 和 M_l。

　　3)根据生成的变化检测结果 M_s 和 M_l,提出优势融合策略,通过融合小尺度和大尺度结果的优势,得到最后的变化检测结果

　　主动轮廓中的轮廓长度参数控制着去除噪声和保留变化细节之间的平衡:较小的参数生成小尺度的变化检测结果 M_s,能够保留变化细节,但含有较多的噪声;较大的参数生成大尺度的变化检测结果 M_l,能够去除噪声,但丢失了许多细节变化。本节针对这些特点,提出特征级的优势融合策略,通过融合两尺度变化检测结

果,使融合后的结果既包含细节变化,同时含有较少的噪声。

在优势融合策略中,融合两种尺度变化检测结果的优势,生成最后的变化检测结果图 $M_{\rm f}$。具体融合过程如下。

(1)独立区域标记。

利用四邻域空间关系,将小尺度变化检测结果 $M_{\rm s}$ 中的独立区域标记为 $C_{\rm s}=\{C_{\rm s}^1,C_{\rm s}^2,\cdots,C_{\rm s}^p\}$,将大尺度变化检测结果 $M_{\rm l}$ 中的独立区域标记为 $C_{\rm l}=\{C_{\rm l}^1,C_{\rm l}^2,\cdots,C_{\rm l}^q\}$,如图 2.8(a)~(c)所示。其中,$M_{\rm s}$ 中的三个独立区域分别被标记为 $C_{\rm s}^1$、$C_{\rm s}^2$、$C_{\rm s}^3$,而 $M_{\rm l}$ 中唯一的独立区域被标记为 $C_{\rm l}^1$。

(2)利用 $M_{\rm l}$ 精化 $M_{\rm s}$。

如果

$$C_{\rm s}^i \bigcap C_{\rm l}^j \neq \varnothing \quad (1 \leqslant i \leqslant p, 1 \leqslant j \leqslant q) \tag{2.32}$$

则 $C_{\rm s}^i$ 被标记为真实变化,并被保留在最后的变化检测图 $M_{\rm f}$ 中,其中 $C_{\rm s}^i$ 和 $C_{\rm l}^i$ 分别表示变化检测结果图 $M_{\rm s}$ 和 $M_{\rm l}$ 中第 i 个标记的独立区域。也就是说,如果标记区域 $C_{\rm s}^i$ 中的任何一个像素在变化检测图 $M_{\rm l}$ 中也被检测为变化,则该区域被视为真正变化。如图 2.8(b)、(c)所示,变化检测图 $M_{\rm s}$ 中标记区域 $C_{\rm s}^1$ 和 $C_{\rm s}^2$ 所包含的像素在 $M_{\rm l}$ 中标记的 $C_{\rm l}^1$ 中也被检测为变化,因此标记区域 $C_{\rm s}^1$ 和 $C_{\rm s}^2$ 被保留在最终结果 $M_{\rm f}$ 中。如果

$$C_{\rm s}^i \bigcap C_{\rm l}^j = \varnothing \quad (1 \leqslant i \leqslant p, 1 \leqslant j \leqslant q) \tag{2.33}$$

则 $C_{\rm s}^i$ 被看作噪声,并且从最终变化检测图 $M_{\rm f}$ 中删除。图 2.8(b)中的标记区域 $C_{\rm s}^3$ 与图 2.8(c)中的标记区域 $C_{\rm l}^1$ 没有相同的像素,该区域被视为噪声从图 2.8(d)中删除。区域 $C_{\rm l}^i$ 用来精化 $C_{\rm s}^i$ 是因为较大参数值 $\mu_{\rm l}$ 生成的变化检测图 $M_{\rm l}$ 去除了大量的虚检像素,主要变化被保留下来。当区域 $C_{\rm s}^i$ 与 $C_{\rm l}^i$ 有相交像素时,$C_{\rm s}^i$ 被视为真正变化并保留在最终的变化检测图 $M_{\rm f}$ 中,是因为 $C_{\rm s}^i$ 包括精确的边缘信息和变化区域轮廓。因此,小尺度变化检测图 $M_{\rm s}$ 和大尺度变化检测图 $M_{\rm l}$ 的优势均被利用并保留在最终的变化检测结果图 $M_{\rm f}$ 中。

(3)根据步骤(2),利用 $M_{\rm l}$ 对 $M_{\rm s}$ 中的所有标记区域进行检查和融合,生成最终的变化检测结果图 $M_{\rm f}$。如图 2.8(e)、(f)所示,$M_{\rm s}$ 中的矩形框区域 A 中的部分像素在 $M_{\rm l}$ 中也被判定为变化,$M_{\rm s}$ 中的矩形框区域 B 中的所有像素在 $M_{\rm l}$ 中被标记为未变化。因此,$M_{\rm s}$ 中的矩形框区域 A 中的独立标记区域被视为变化保留在 $M_{\rm f}$ 中,而 $M_{\rm s}$ 中的矩形框区域 B 中的独立标记区域被视为虚检像素从 $M_{\rm f}$ 中删除,如图 2.8(g)所示。

所有的程序采用 MATLAB 2013a 实现,利用处理器为 2.0 GHz、4.00 GB 内存的笔记本电脑执行程序。采用虚检像素数、漏检像素数、总错误像素数、Kappa系数和总错误像素减少率等指标评价变化检测精度,其中总错误像素减少率(im-

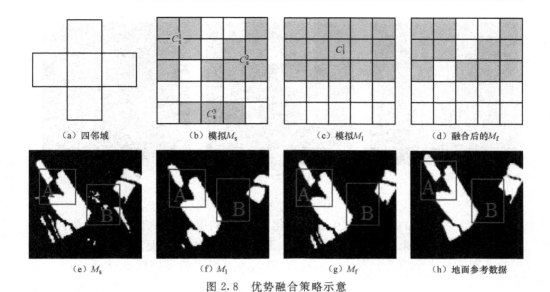

（a）四邻域　　　　（b）模拟 M_s　　　　（c）模拟 M_l　　　　（d）融合后的 M_f

（e）M_s　　　　（f）M_l　　　　（g）M_f　　　　（h）地面参考数据

图 2.8　优势融合策略示意

proved percentage of total errors,IPTE)为对比方法总错误像素数 T_a 与提出方法总错误像素数 T_b 的差值与对比方法总错误像素数比值的百分数,可由($T_a - T_b$)/ $T_a \times 100\%$ 计算。

2.3.2　实验结果与分析

本节利用两个实验验证在特征级提出的基于主轮廓的优势融合变化检测方法的有效性。

1. 实验一

实验一采用两时相影像数据大小为 300 像素×280 像素,分别由 Landsat 7 ETM+传感器于 2001 年 8 月和 2002 年 8 月获取于辽宁省某地,研究区中的变化是由于农田种植农作物的变化引起的。图 2.9(a)、(b)分别为两时相彩色影像,根据除第 6 波段(热红外波段)外的所有波段进行变化检测,利用变化矢量分析方法生成的差分影像如图 2.9(c)所示。

为充分说明 ACAF 方法的有效性,对实验一的数据进行了多种实验。方法涉及的水平集函数采用相同的收敛检验标准并设置最大迭代次数为 200。首先,CV 主动轮廓模型被用来检测两时相影像间的变化,其中设置轮廓长度参数 μ 在 [0,1.1]以 0.1 为步长变化,得到相应的变化检测结果,部分变化检测结果如图 2.10 所示。从图中可以看出,随着轮廓长度参数 μ 值的增大,虚检像素明显地减少,并且能够提取更完整的变化区域,但也丢失了更多的变化细节。这种现象主要是由轮廓长度参数 μ 引起的,因为它控制着去除噪声和保留细节变化之间的平衡。

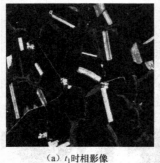

　　（a）t_1时相影像　　　　　　　　　（b）t_2时相影像　　　　　　　　（c）差分影像

图 2.9　实验一数据

　　选择 $\mu=0.2$ 和 $\mu=1.0$ 时生成的变化检测图,利用优势融合策略进行融合,融合后的变化检测结果如图 2.10(f)所示。图 2.10 内的矩形框区域表明 $\mu=0.2$ 时的检测图能够得到满意的变化区域轮廓,但是含有较多的虚检像素;相反,$\mu=1.0$ 的变化检测图有较少的虚检像素,但是在变化区域边缘存在过度平滑现象。在融合后的变化检测图中,不但减少了虚检像素,而且准确地检测了变化区域的边缘,这是因为相对较小和较大轮廓长度参数生成的变化检测结果中的优势在特征水平上进行了融合。

　　几种效果较好的变化检测方法也用来对实验一中的两时相影像进行变化检测,包括基于 EM 的阈值方法、MRF 方法(Bruzzone et al,2000)、多尺度水平集方法(MLS)、要求初始轮廓的多尺度水平集方法(MLSK)和离散小波分解变换和主动轮廓结合的方法(UDWTAC)(Celik,2010)。MRF 方法中的 $\beta=1.8$,该参数调节空间邻域信息对检测结果的影响,CV、MLS 和 MLSK 等方法中的 μ 均设置为 0.2,UDWTAC 方法的 $\mu=0.1$,生成的变化检测结果如图 2.10 所示。

　　图 2.11 为 CV 模型和 ACAF 方法中虚检像素数、漏检像素数和总错误像素随着轮廓长度参数 μ 变化的趋势。在 ACAF 方法中,$\mu=0.2$ 时生成的变化检测结果被用来与 $[0,1]$ 的 μ 以 0.1 为步长变化生成的变化检测结果融合。CV 模型中,虚检像素、漏检像素和总错误像素首先随着 μ 的增大而下降,然后增加。对于提出的 ACAF 方法,随着 μ 的增大,虚检像素持续下降,漏检像素有轻微增加,总错误像素整体下降,并且在 $\mu=1.0$ 时达到最小。

　　表 2.5 为本书所用方法生成的变化结果精度,可以看出,ACAF 方法在所有的方法中能够生成精度最高的变化检测结果,其总错误像素数目对比于 EM、MRF、CV、MLS、MLSK 和 UDWTAC 分别减少 42.3%、26.4%、4.4%、4.7%、3.9% 和 4.6%。

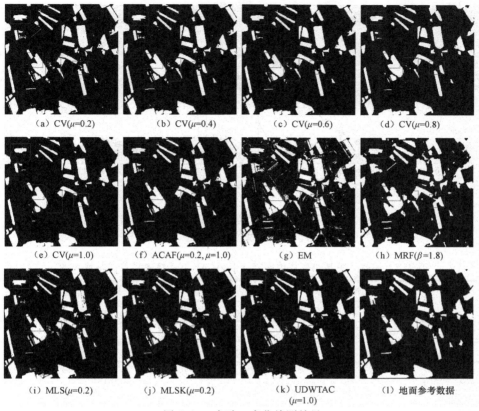

(a) CV(μ=0.2)   (b) CV(μ=0.4)   (c) CV(μ=0.6)   (d) CV(μ=0.8)

(e) CV(μ=1.0)   (f) ACAF(μ=0.2, μ=1.0)   (g) EM   (h) MRF(β=1.8)

(i) MLS(μ=0.2)   (j) MLSK(μ=0.2)   (k) UDWTAC   (l) 地面参考数据
(μ=1.0)

图 2.10   实验一变化检测结果

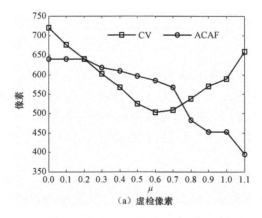

(a) 虚检像素

图 2.11   CV 模型和 ACAF 方法中虚检、漏检和总错误像素随
参数 μ 的变化趋势

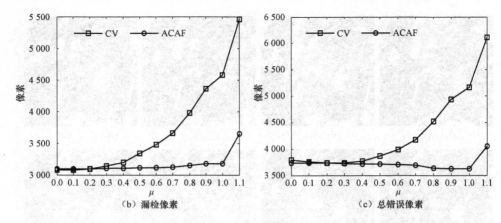

图 2.11(续)　CV 模型和 ACAF 方法中虚检、漏检和总错误像素随
参数 μ 的变化趋势

表 2.5　实验一中其他变化检测方法与 ACAF 方法结果精度的定量比较

方法	虚检错误		漏检错误		总错误		Kappa 系数	IPTE /%
	像素数	P_f/%	像素数	P_m/%	像素数	P_t/%		
EM	5 420	5.3	863	8.1	6 283	7.5	0.785 1	42.3
MRF	4 202	6.2	725	4.4	4 927	5.8	0.827 6	26.4
CV	640	1.0	3 099	18.8	3 739	4.5	0.850 2	4.4
MLS	722	1.1	3 086	18.7	3 808	4.5	0.847 8	4.7
MLSK	721	1.1	3 054	18.6	3 775	4.5	0.849 2	3.9
UDWTAC	612	0.9	3 191	19.4	3 803	4.5	0.847 2	4.6
ACAF	452	0.7	3 176	19.3	3 628	4.3	0.853 7	—

2. 实验二

实验二采用两时相影像数据大小为 700 像素×650 像素,分别由 Landsat 5 TM 传感器于 2007 年 8 月和 2010 年 8 月获取于小兴安岭某地,研究区中的变化是由火灾引起的。图 2.12(a)、(b)分别为两时相彩色影像,利用除第 6 波段(热红外波段)外的所有波段进行变化检测,利用变化矢量分析方法生成的差分影像如图 2.12(c)所示。

对实验二数据进行了多种实验,以验证方法的有效性。方法涉及水平集函数采用相同的收敛检验标准和最大迭代次数 200。CV 主动轮廓模型被用来检测两时相影像间的变化,生成的变化检测结果如图 2.13 所示,其中设置轮廓长度参数 μ 在 [0,1.1] 以 0.1 为步长变化。从图中可以看出,当轮廓长度参数 μ 的值较小时,影像中的细节变化能被探测,但是结果中却含有较多的虚检像素。随着轮廓长度参数 μ 的增

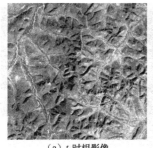
（a）t_1时相影像

（b）t_2时相影像

（c）差分影像

图 2.12 实验二数据

大,虚检像素明显减少,但丢失了更多的变化细节,得到过度平滑的变化检测结果。

选择 $\mu=0.2$ 和 $\mu=1.0$ 时生成的变化检测图,利用优势融合策略进行融合,融合后的变化检测结果如图 2.13(f)所示。图 2.13 内的矩形框区域表明融合后的变化检测图中,虚检像素减少,并且保留了细节变化,其原因是相对较小和较大轮廓长度参数值生成的变化检测结果中的优势在特征级上进行了融合。

几种效果较好的变化检测方法 EM、MRF、CV、MLS、MLSK 和 UDWTAC 同样用来处理实验二中的数据,通过对比验证本节提出方法的有效性。MRF 方法中的 $\beta=1.5$,CV、MLS、MLSK 和 UDWTAC 等方法中的 μ 均设置为 0.2,生成的变化检测结果如图 2.13 所示。表 2.6 为本节所用方法生成的变化结果精度,ACAF方法的总错误像素数与 EM、MRF、CV、MLS、MLSK 和 UDWTAC 相比,分别减少 81.3%、73.4%、4.2%、9.7%、9.7%和 10.2%,在所有的方法中能够生成精度最高的变化检测图。

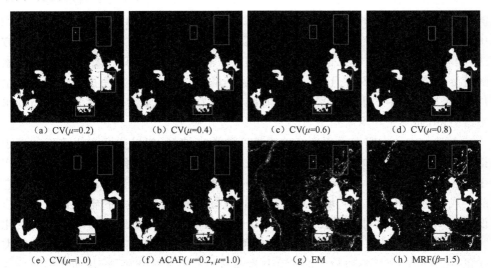

（a）CV($\mu=0.2$)   （b）CV($\mu=0.4$)   （c）CV($\mu=0.6$)   （d）CV($\mu=0.8$)

（e）CV($\mu=1.0$)   （f）ACAF($\mu=0.2,\mu=1.0$)   （g）EM   （h）MRF($\beta=1.5$)

图 2.13 实验二变化检测结果

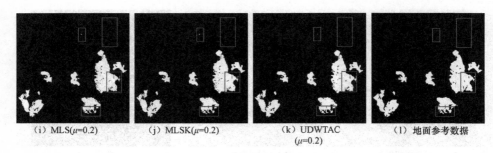

(i) MLS(μ=0.2)　　　(j) MLSK(μ=0.2)　　　(k) UDWTAC　　　(l) 地面参考数据
$\qquad\qquad\qquad\qquad\qquad\qquad\qquad\qquad$($\mu$=0.2)

图 2.13(续)　实验二变化检测结果

表 2.6　实验二其他变化检测方法与提出方法结果精度的定量比较

方法	虚检错误		漏检错误		总错误		Kappa 系数	IPTE /%
	像素数	P_f/%	像素数	P_m/%	像素数	P_t/%		
EM	21 922	5.4	446	0.9	22 368	4.9	0.780 0	81.3
MRF	15 435	3.8	319	0.7	15 754	3.5	0.837 0	73.4
CV	2 270	0.6	2 109	4.5	4 379	1.0	0.948 3	4.2
MLS	2 279	0.6	2 366	5.8	4 645	1.0	0.945 1	9.7
MLSK	2 279	0.6	2 363	5.8	4 642	1.0	0.945 1	9.7
UDWTAC	2 297	0.6	2 371	5.8	4 668	1.0	0.944 8	10.2
ACAF	2 084	0.5	2 110	4.5	4 194	0.9	0.950 4	—

　　图 2.14 为 CV 模型和 ACAF 方法中虚检像素数、漏检像素数和总错误像素数随着轮廓长度参数 μ 变化的趋势。在 ACAF 方法中,μ=0.2 时生成的变化检测结果用来与[0,1]的 μ 以 0.1 为步长变化生成的变化检测结果融合。CV 模型中,虚检像素、漏检像素和总错误像素随着 μ 的增大先减小后增加。对于提出的方法,随着 μ 的增大,虚检像素持续下降,漏检像素基本保持不变。因此,总错误像素随着 μ 的增大而下降,并且在 μ=1.0 时达到最小。当 CV 模型中虚检像素数目增加时,提出方法中的虚检像素数却一直减少,因为虚检像素的去除过程是在特征水平进行的,而不是在像素水平。

　　ACAF 方法中需要设置两个轮廓长度参数 μ 的值,如果这两个值选择的过于接近,则对变化检测结果精度的提高不大;如果这两个值选择差别过大,也许会产生较多的漏检像素。在本节中,较小的平衡参数值设为 0.2,因为现有研究表明它能生成相对准确的变化区域轮廓且较少的漏检像素;相对较大的轮廓长度参数值设置为 1.0,并通过对不同数据的实验表明该值能够取得较理想的结果。当变化区域面积较小并且在差分影像中的灰度值也较小时,ACAF 方法也许会漏检该类变化,因为它们会被相对较大的轮廓长度参数检测为未变化区域,从而在融合后的变化检测结果中被删除。该方法减少了虚检像素,保持漏检像素基本不变,在一定

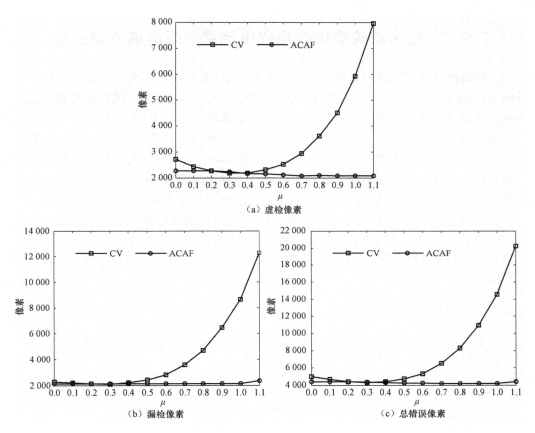

（a）虚检像素

（b）漏检像素　　　　　　　　（c）总错误像素

图 2.14　CV 模型和 ACAF 方法中虚检、漏检和总错误像素
随参数 μ 的变化趋势

程度上减弱了主动轮廓模型中轮廓长度参数 μ 对变化检测结果的影响。实验结果
表明，ACAF 方法与本书中其他方法相比通常能够生成精度更高的变化检测
结果。

2.3.3　结　论

上述两个变化检测实验结果表明，提出的基于主动轮廓模型的特征级优势融合
变化检测方法通常可以得到比 EM、MRF、CV、MLS、MLSK 和 UDWTAC 等方法更
高精度的变化检测结果。该方法在特征水平上融合由较小和较大轮廓长度参数生成
的变化检测结果，保留了两种尺度数据各自的优势，在减少虚检像素的同时，能够
保留细节变化，在一定程度上减弱了主动轮廓模型中轮廓长度参数对变化检测结
果的影响。但由于该方法需要人工设置两个轮廓长度参数的值，且不同的参数对
结果影响较大，如何自动设置两个轮廓长度参数值还有待进一步研究和提高。

2.4　利用主动轮廓模型检测由地震引起的倒塌建筑物

检测由地震引起的倒塌建筑物的传统方法中,有的基于震前震后的数字高程模型(digital elevation models,DEM)计算高度差来检测损坏建筑物,有的利用遥感影像差分方法或分类后比较的方法检测损坏建筑物。一方面,多数传统方法不能判定建筑物倒塌的具体数目;另一方面,并非是对已知的建筑物进行检测,在提取建筑物时容易引入错误。GIS 数据可提供建筑物的轮廓、位置信息,提高倒塌建筑物的检测精度。考虑到倒塌建筑物的屋顶一般比较破碎,而非倒塌建筑物的屋顶一般较完整,可将震前建筑物的轮廓作为主动轮廓模型的初始轮廓,从震后的遥感影像中提取建筑物的同质区,在此基础之上检测倒塌建筑物。该方法既可以利用震前 GIS 矢量数据提供建筑物的位置信息,又可将其提供的建筑物轮廓作为主动轮廓模型的初始轮廓,精确提取建筑物内的同质区,最终提高倒塌建筑物的检测精度。

2.4.1　检测方法及流程

本节提出的对象级的利用主动轮廓模型检测由地震引起的倒塌建筑物的方法流程如图 2.15 所示,具体步骤如下。

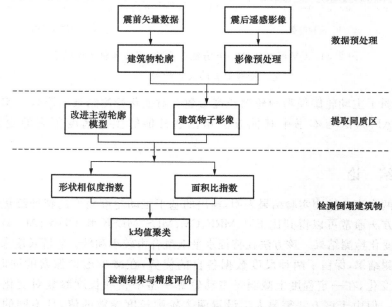

图 2.15　提出方法的流程

1)利用地震前建筑物的矢量数据和地震后的高分辨率遥感影像进行倒塌建筑物检测

首先将矢量数据与高分辨率遥感影像进行配准,然后利用矢量数据提供的建筑物轮廓提取建筑物子影像,如图 2.16 所示,(a)为未倒塌建筑物子影像,(b)为倒塌建筑物的子影像,其中实线为建筑物的轮廓,虚线为建筑物轮廓的最小外接矩形。

 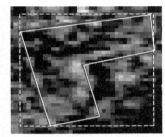

(a)　未损坏的建筑物　　　　　　　　　　　(b)　损坏的建筑物

图 2.16　建筑物子影像

2)以震前建筑物轮廓矢量数据和震后建筑物子影像为数据源,利用改进的主动轮廓模型提取子影像上的同质区

原始的主动轮廓模型如式(2.2)所示,但其只能将影像分为两部分,不能稳定地提取建筑物的同质区。因此,本节在传统的主动轮廓模型中加入建筑物样本点的能量多项式,确保能从建筑物子影像中稳定提取建筑物范围内的同质区,改进后的公式为

$$E' = E_0 + \lambda_3 \sum_{b=1}^{3} \int_{I(C)} | u_b(x,y) - s_b |^2 \mathrm{d}x\mathrm{d}y \qquad (2.34)$$

式中,$\lambda_3 > 0$ 是常数,$\sum_{b=1}^{3} \int_{I(C)} | u_b(x,y) - s_b |^2 \mathrm{d}x\mathrm{d}y$ 表示建筑物样本点与建筑物轮廓内像素灰度值差值的平方和,s_b 为建筑物的样本点波段 b 的灰度值,本节中设置 $\lambda_1 = \lambda_2 = \lambda_3 = 1, v = 0$。首先,在建筑物轮廓内部随机选取 50 个建筑物样本,为了获取稳定的样本点,去除 15 个与样本点平均值偏差最大的样本点。然后,计算剩余的 35 个样本点的平均值作为最后的样本点,用于式(2.34)中,提取建筑物的同质区。

3)根据提取的同质区与震前建筑物的轮廓计算二者的形状相似度指数(shape similarity index,SSI)和面积比指数(area ratio index,ARI)

SSI 表示提取的建筑物同质区的形状与其震前建筑物形状的相似程度。本书采用 Ling 等(2007)提出的形状上下文来计算 SSI 值,具体步骤如下。

(1)首先,去除提取的建筑物子影像同质区内的孤立点,然后在同质区的边缘

上生成 n 个样本点,用来表示同质区的形状。

（2）对所有的样本点建立形状上下文。如图 2.17(a)所示,边缘点 p 与另一边缘点 q 之间的最短路径定义为内部距离,用 $d(p,q)$ 表示, p 点的切线与内部距离 $d(p,q)$ 较小的夹角定义为内部角度,记作 $\theta(p,q)$。将 $d(p,q)$ 和 $\theta(p,q)$ 一起视为一个向量,点 p 对于剩余的 $n-1$ 个点可生成 $n-1$ 个向量。对向量进行分区域统计,根据点 p 向量的最大距离和角度,可将内部距离和内部角度分别分为 n_d 和 n_θ 个区间。对于形状点 p,可用下式计算 $n-1$ 个向量生成的直方图

$$h(k) = \#\{p \neq q_i, (p-q_i) \in \mathrm{bin}(k)\} \tag{2.35}$$

式中, $k \in \{1,2,\cdots,K\}$, $K = n_d n_\theta$, $\#$ 表示落在区间 k 内的向量数。图 2.17(b)为提取的一栋建筑物形状,图 2.17(c)、(d)分别为样本点 Z_1 和样本点 Z_2 的形状上下文直方图。最后,对于 n 个点生成 n 个直方图,用来计算两形状的相似度。

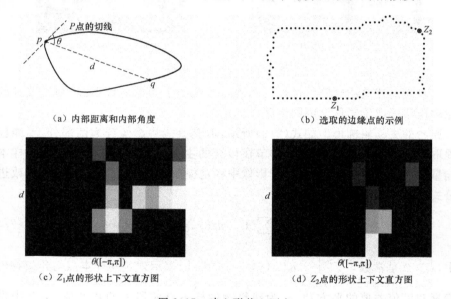

（a）内部距离和内部角度　　　　　　　　　（b）选取的边缘点的示例

（c）Z_1 点的形状上下文直方图　　　　　（d）Z_2 点的形状上下文直方图

图 2.17　建立形状上下文

（3）通过计算提取的同质区形状的样本点 p_i 与震前建筑物形状样本点 q_j 匹配的最小费用,得到两者的相似度。样本点的形状上下文分布如图 2.17(c)、(d)所示,假设 C_{ij} 表示两个点之间匹配的费用,可用 χ^2 检验来计算匹配费用(Belongie et al,2002)

$$C_{ij} = C(p_i, q_j) = \frac{1}{2} \sum_{k=1}^{K} \frac{[h_i(k) - h_j(k)]^2}{h_i(k) + h_j(k)} \tag{2.36}$$

式中, $h_i(k)$ 和 $h_j(k)$ 分别为点 p_i 和 p_j 的直方图, K 是直方图区间的数目。匹配关系 s 应该使两形状基于 n 个样本点的匹配费用 $H(s)$ 最小, $H(s)$ 可表示为

$$H(s) = \sum_{1 \leqslant i \leqslant n} C(p_i, q_{\pi(i)}) \tag{2.37}$$

利用动态规划算法解决匹配问题,并用匹配费用 $H(s)$ 描述提取的同质区形状和震前建筑物形状之间的形状相似度。通常情况下,获取形状样本点数 n 值越大,会获得精度越高的匹配结果,本实验中设置 $n=100, n_d=5, n_\theta=12$。

ARI 表示提取的建筑物同质区面积与震前建筑物面积的比值,利用同质区内的像素数和震前建筑物轮廓内所有像素数目计算。假设提取的第 i 栋建筑物内同质区的像素数为 a_i,震前建筑物轮廓内像素的数目为 A_i,则 ARI 的值 r_i 可表示为

$$r_i = \frac{a_i}{A_i} \tag{2.38}$$

4)利用 k 均值聚类算法,对所有建筑物的 SSI 和 ARI 值进行聚类,分为倒塌和非倒塌建筑物两类

通过对 SSI 和 ARI 设置阈值来检测倒塌建筑物是比较困难的,因为阈值的设置存在不确定性,直接影响检测结果。本节提出利用 k 均值聚类算法通过对 SSI 和 ARI 聚类实现倒塌建筑物检测,避免阈值对检测结果的影响。k 均值聚类算法是将观测值分为 k 类,使每个观测值属于离均值最近的一类。

对于两类观测值 SSI 的 X_1 和 ARI 的 X_2,则通过将目标函数 J 最小化,使观测值分为两类,目标函数为

$$J = \sum_{i=1}^{2} \sum_{x_j \in T_i} \| x_j - m_i \|^2 \tag{2.39}$$

式中,m_i 是第 i 类中观测值的平均值。通过寻求目标函数 J 的最小值实现对 SSI 和 ARI 的聚类,最终实现倒塌建筑物的检测。

2.4.2　实验结果与分析

青海省玉树县在 2010 年 4 月 14 日发生了里氏 7.1 级地震,本书选取在地震中受损坏较大的部分地区为研究区。实验中所用影像由 QuickBird 传感器于 2010 年 4 月 15 日获取,分辨率为 0.61m,将全色与多光谱影像融合后的影像作为数据源进行倒塌建筑物检测。选取大小为 621 像素×721 像素的影像作为实验区,如图 2.18(a)所示。通常矢量数据应该由 GIS 数据获取,但实验中由于难以获取 GIS 数据,因此,通过对 2009 年 5 月获取的 QuickBird 影像进行数字化获得震前建筑物轮廓。首先,利用 ENVI 软件对震前和震后的影像进行 WGS-84 坐标系下的配准,配准精度控制在 0.2 像素以内。然后,根据震前的遥感影像按 1∶5 000 的比例尺精度进行数字化,并投影到相同的 WGS-84 坐标系,如图 2.18(b)所示。最后,获得震后的遥感影像与震前的建筑物轮廓进行倒塌建筑物的检测。通过目视解译分析,判定建筑物是否损坏,从而生成地面参考数据。

利用震前建筑物轮廓从震后的遥感影像中提取建筑物子影像,并以震前建

（a）震后的高分辨率遥感影像　　　　　　　　（b）地震前的建筑物轮廓

图 2.18　震后高分辨率遥感影像与震前矢量数据

筑物轮廓作为改进主动轮廓算法的初始轮廓,通过处理建筑物子影像提取同质区,如图 2.19(a)所示。对于屋顶颜色单一的非倒塌建筑,提取的同质区比较完整,如图 2.19(a)中区域 1 所示;对于屋顶含有多种颜色的非倒塌建筑物,该方法提取的同质区并不理想,如图 2.19(a)中区域 2 所示;对于倒塌的建筑物,提取的同质区比较离散,没有完整的同质区,如图 2.19(a)中区域 3、4、5 所示。

　　根据提取的建筑物同质区的形状和震前建筑物的矢量轮廓,利用 2.4.1 节步骤 3)中的方法计算建筑物 SSI 和 ARI 值。在此基础之上,利用 k 均值聚类算法通过对所有建筑物的 SSI 和 ARI 进行聚类,将其分为倒塌和未倒塌两类。将 SSI 作为纵轴,ARI 作为横轴,建立坐标系,并根据建筑物的 SSI 和 ARI 值显示建筑物。建筑物的聚类结果如图 2.19(b)所示,矩形框表示倒塌建筑物,圆圈表示非倒塌建筑物,两类的聚类中心分别为(0.28,0.53)和(0.84,0.84)。

　　倒塌建筑物的检测结果如图 2.19(c)所示,用不同颜色表示检测正确的倒塌建筑物、检测正确的非倒塌建筑物及检测错误的建筑物。表 2.7 为本节提出方法检测倒塌建筑物结果的精度。实验区共有 102 栋建筑物,其中 94 栋建筑物检测正确,检测精度为 92.16%,其中 69 栋非倒塌建筑物中有 63 栋检测正确,33 栋倒塌建筑物中有 31 栋检测正确,检测精度分别为 91.30% 和 93.94%。

表 2.7　倒塌建筑物检测结果精度

参考数据 检测结果	倒塌建筑物	未倒塌建筑物	建筑物总数	精度/%
倒塌建筑物	31	6	37	93.94
未倒塌建筑物	2	63	65	91.30
建筑物总数	33	69	102	92.16

　　为验证提出方法的有效性,Turker 和 Sumer 提出的 WSPAI 方法也用来处理本实验中的数据,并与提出方法进行对比,其中缓冲区的边缘和深度分别设置为

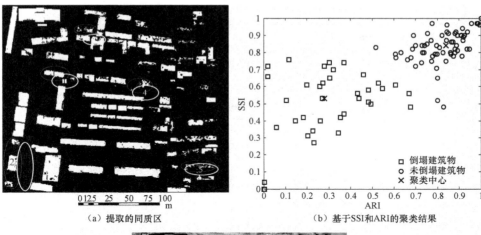

（a）提取的同质区　　　　　　　　　　（b）基于SSI和ARI的聚类结果

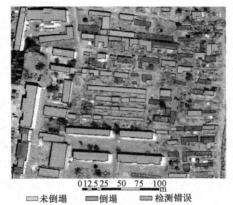

■未倒塌　■倒塌　■检测错误
（c）倒塌建筑物检测结果

图 2.19　实验结果

6 个和 3 个像素,阈值在 20%～80% 以 10% 为步长变化。如图 2.20 所示,WSPAI 的检测精度先随着阈值的增大而提高,在阈值为 30% 时达到最高,然后随着阈值的增大而降低。可以看出,阈值的设置对 WSPAI 方法是否能够正确检测倒塌建筑物非常重要。相比 WSPAI 方法,本节提出的方法不需要通过设置阈值来判定建筑物是否倒塌,增强了检测结果的稳定性。

2.4.3　结　论

实验结果表明,利用主动轮廓模型检测由地震引起的倒塌建筑物的方法是可行的,能够实现高精度的倒塌建筑物检测。提出的方法具有如下优点:

(1)利用震前的矢量建筑物轮廓数据,检测过程是在已知建筑物的情况下进行的,与传统的仅利用影像的方法相比,避免了检测建筑物引入的错误。

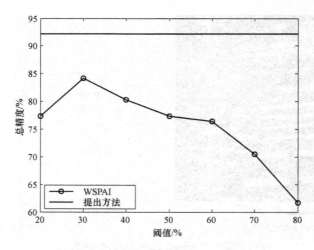

图 2.20　提出方法与 WSPAI 结果对比

（2）更适用于检测倒塌建筑物。当建筑物损坏严重时,提取的同质区非常离散,易于检测,能够为救援被倒塌建筑物掩盖的伤员提供及时和准确的信息,提高救援成功率。

（3）不需要设置阈值检测倒塌建筑物,提高了检测结果的稳定性。

然而,本节提出的方法也存在一些不足。首先,该方法需要震前较新的 GIS 数据提供建筑物轮廓,在一定程度上限制了方法的应用。其次,在以下情况下,该方法也许不能正确地检测倒塌建筑物:①建筑物虽然倒塌,但仍存在完整的屋顶;②建筑物被其他建筑物或树的阴影覆盖;③建筑物的屋顶呈现多种颜色。因此,该方法还有改进的空间,需要进一步研究来克服上述不足。

第 3 章　基于马尔可夫随机场的
遥感影像变化检测

  传统的变化检测方法是对两时相遥感影像的光谱信息进行差值运算,通过设置阈值判定像素是否发生变化。一方面,由于自然界中地物的复杂性和受遥感影像空间分辨率、光照、大气等条件的限制,差分影像中存在噪声,导致检测错误;另一方面,如何确定最佳阈值是一个较难的问题,严重影响变化检测结果精度,且仅对像素灰度值设置阈值,未充分利用空间邻域信息,容易产生虚检像素。马尔可夫随机场(Markov random field,MRF)是一种可以综合利用光谱和空间信息的图像处理方法,广泛应用于影像分类、分割和变化检测等领域,它利用最大后验概率(maximum a posteriori,MAP)准则,综合利用像素的光谱特征及其邻域的标记场特征,通过求解二者特征能量和的最小值得到最优的影像分析结果。然而在 MRF 中,由于邻域内像素之间空间关系定义和空间信息权重设置的不准确,导致其无法充分合理地利用空间信息。为此,本书对 MRF 中像素空间关系的定义和空间信息权重的确定进行研究,提出如下两种像素级的变化检测方法:①基于模糊 C 均值(fuzzy C-means,FCM)聚类算法和 MRF 的变化检测;②基于对比敏感 Potts 模型的自适应 MRF 变化检测。

3.1　模糊 C 均值聚类算法

  模糊聚类首先由 Dunn(1973)提出,并由 Bezdek(1981)提出经典的 FCM 聚类算法。设 $X=\{x_1,x_2,\cdots,x_N\}$ 是由 N 个向量构成的数据集,将其模糊划分为 c 类,$u_{ik}(1\leqslant k\leqslant c)$ 表示数据集 X 中数据 x_i 对于 k 类的隶属度,用矩阵 $U=\{u_{ik}\}$ 表示模糊划分结果,满足如下约束条件:

$$\left.\begin{array}{l} u_{ik} \in [0,1], \forall\, i,k \\[2mm] \sum_{k=1}^{c} u_{ik} = 1, \forall\, i \\[2mm] 0 < \sum_{i=1}^{N} u_{ik} < N, \forall\, k \end{array}\right\} \tag{3.1}$$

  FCM 聚类算法采用各个样本与所在类均值的差值平方和最小准则,通过迭代和更新隶属度矩阵 U 和聚类中心 V,使目标函数 J 达到最小,实现最优聚类,目标

函数为

$$J(\boldsymbol{U},\boldsymbol{V}) = \sum_{i=1}^{N}\sum_{k=1}^{c}(u_{ik})^{q}\parallel x_i - v_k \parallel^2 \tag{3.2}$$

式中，$\boldsymbol{U}=\{u_{ik}\}$ 为满足式(3.1)的隶属度矩阵，$\boldsymbol{V}=\{v_1,v_2,\cdots,v_c\}$ 表示聚类中心点集，$q\in[1,+\infty)$ 为加权指数，用来控制聚类结果的模糊程度，当 $q=1$ 时，模糊聚类变为传统的 C 均值聚类，通常情况下 $q=2$ 时计算简单且效果较理想，故本章中设 $q=2$。针对差分影像进行模糊聚类时，样本 x_i 可用 $x_{i,j}$ 代替，表示像素点 (i,j) 处的灰度值，v_k 表示第 k 类的均值，则式(3.2)可表示为

$$J(\boldsymbol{U},\boldsymbol{V}) = \sum_{\substack{1\leqslant i\leqslant m \\ 1\leqslant j\leqslant n}}\sum_{k=1}^{c}(u_k(i,j))^2\parallel x(i,j) - v_k \parallel^2 \tag{3.3}$$

式中，$u_k(i,j)$ 表示像素 (i,j) 属于第 k 类的隶属度，$\parallel\cdot\parallel$ 表示欧式距离。FCM 聚类方法的具体步骤为：

(1)设定聚类类别数 N，聚类中心 $V=\{v_1,v_2,\cdots,v_c\}$ 初始化。

(2)计算模糊隶属度矩阵

$$u_k(i,j) = \left\{\sum_{p=1}^{c}\left[\frac{\parallel x(i,j) - v_k \parallel}{\parallel x(i,j) - v_p \parallel}\right]^2\right\}^{-1} \tag{3.4}$$

(3)更新聚类中心

$$v_k = \frac{\sum_{\substack{1\leqslant i\leqslant m \\ 1\leqslant j\leqslant n}}u_k(i,j)^2 x(i,j)}{\sum_{\substack{1\leqslant i\leqslant m \\ 1\leqslant j\leqslant n}}u_k(i,j)^2} \tag{3.5}$$

(4)判定式(3.3)是否收敛。当 $\parallel V^{t+1}-V^t \parallel < \varepsilon$($t$ 表示迭代次数，$\varepsilon>0$ 是算法停止阈值)时，式(3.3)收敛，算法停止迭代；否则重复步骤(2)和步骤(3)，直到式(3.3)收敛。

最后，经过 FCM 处理后，可得到各像素的隶属度信息和各类别中心值。

3.2　马尔可夫随机场模型

MRF 是种综合利用光谱和空间信息的图像处理方法，它利用最大后验概率准则，从场能的角度出发，使得每一个像素的光谱特征场能量和标记场能量之和最小，以获取最优结果。

设 $X=\{x_1,x_2,\cdots,x_n\}\subset R^d$ 是 d 维(波段数)欧式空间内 n(像素数)个向量构成的遥感数据集，$L=\{l_1,l_2,\cdots,l_c\}$ 表示各像素的类别标号，c 代表类别数。通常利用 MAP 准则可以获取影像的最终变化检测类别，可表示为

$$L=\text{argmax}\{P(L)P(X|L)\} \tag{3.6}$$

式中，$P(L)$ 是数据集中类别标号的先验概率，$P(X|L)$ 表示数据集中像素值的条

件概率密度函数。

根据 MRF 过程,式(3.6)可利用式(3.7)通过求解能量函数 $U_{\mathrm{MRF}}(x_i)$ 的最小值实现最大后验概率。

$$U_{\mathrm{MRF}}(x_i) = U_{\mathrm{spectral}}(x_i) + U_{\mathrm{spatial}}(x_i) \tag{3.7}$$

式中,$U_{\mathrm{spectral}}(x_i)$ 表示像素 x_i 的光谱特征场能量函数,$U_{\mathrm{spatial}}(x_i)$ 表示像素 x_i 的局部邻域的空间能量函数。

像素 x_i 的光谱特征场能量函数可表示为

$$U_{\mathrm{spectral}}(x_i) = \frac{1}{2}\ln|2\pi\sigma_k^2| + \frac{1}{2}(x_i - \mu_k)^2(\sigma_k^2)^{-1} \tag{3.8}$$

式中,μ_k 和 σ_k^2 分别表示类别 k 中像素灰度值的均值和方差,这两个值可以从 FCM 生成的初始变化检测结果中计算得到。

像素 x_i 的空间标记场能量可由下式计算

$$U_{\mathrm{spatial}}(x_i) = \beta\sum_{j \in N_i} I(l(x_i), l(x_j)) \tag{3.9}$$

$$I(l(x_i), l(x_j)) = \begin{cases} -1 & l(x_i) = l(x_j) \\ 0 & l(x_i) \neq l(x_j) \end{cases} \tag{3.10}$$

式中,$\beta > 0$ 是同用户定义的惩罚系数,用来控制像素 x_i 的邻域像素对 x_i 的影响,N_i 表示像素 x_i 的空间邻域($i \notin N_i$),$l(x_i)$ 和 $l(x_j)$($j \in N_i$)分别表示像素 x_i 及其邻域像素 x_j 的类别标号。在 MRF 理论中,标记场中像素间的空间关系通过邻域系统 N_i 表示,并由式(3.10)中的 Potts 模型来定义。

变化检测是一个离散组合问题,只能利用迭代搜索方法,实现全局或局部的最优值获得分析结果。常用的优化迭代算法有模拟退火算法、均场退火算法和迭代条件模式等,本章利用迭代条件模式算法通过寻求式(3.7)的最优化结果,求解能量函数的最小值,实现遥感影像分析。

迭代条件模式是利用局部条件概率获得局部能量,并通过逐点更新影像标记获得局部能量最小影像分析结果(刘国英 等,2010)。

假设遥感影像为 $y = \{y_1, y_2, \cdots, y_n\}$,根据其获得的变化检测结果为 x,遥感影像中的像素 y_i 在 x 的情况下是独立的,且像素 y_i 关于变化检测结果 x 的条件分布只与 x_i 有关,即

$$f(y_i \mid x) = f(y_i \mid x_i) \tag{3.11}$$

因此,遥感影像数据 y 关于变化检测结果 x 的条件分布表示为

$$f(y \mid x) = \prod_{i \in s} f(y_i \mid x_i) \tag{3.12}$$

依据贝叶斯公式,利用 N_i 表示像素 x_i 的邻域,对于给定遥感影像数据 y,有

$$P(x_i \mid y, x_{N_i}) \propto f(y_i \mid x_i) P(x_i \mid x_{N_i}) \tag{3.13}$$

通过将式(3.13)最大化,该像素的变化检测结果为

$$\hat{x}_i = \underset{x_i}{\arg\max}\, P(x_i \mid y, x_{N_i}) \qquad (i = 1, 2, \cdots, n) \tag{3.14}$$

3.3 基于模糊 C 均值聚类算法和马尔可夫随机场的变化检测

传统的 MRF 用于变化检测时,空间邻域的标记场如图 3.1 所示,其中 i、j 表示第 i 行第 j 列的当前像素,0 表示像素未发生变化,1 表示像素发生变化。通过比较邻域中两类像素的数目,表达像素的空间邻域关系。由于地物的复杂性和遥感影像空间分辨率限制,影像中含有较多的混合像素,因此将邻域像素硬性标记为 0 和 1,不能准确表达像素的空间邻域关系。

1	1	0
1	i,j	0
0	0	0

图 3.1 MRF 中空间
邻域标记场

3.3.1 检测方法与流程

针对上述问题,本节提出基于 FCM 聚类算法和 MRF 的变化检测方法(FCMMRF),其流程如图 3.2 所示,具体步骤如下。

(1)利用变化矢量分析方法处理两时相遥感影像,生成差分影像。具体步骤请参考 2.2 节。

(2)利用 FCM 对差分影像进行模糊聚类,得到每个像素属于未变化和变化类别的概率,将像素属于未变化类别的概率作为光谱特征用于变化检测。

(3)通过空间引力模型将隶属度信息引入 MRF 中,更准确地定义邻域像素之间的空间关系。

由于地物本身及其与传感器之间相互作用的复杂性和传感器本身空间分辨率的限制,使得获得的影像中含有大量的混合像素。因此,传统 Potts 模型

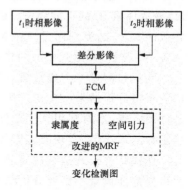

图 3.2 FCMMRF 方法的流程

中用"0"和"1"定义像素间的空间邻域关系过于绝对且不够准确,容易造成空间信息的过度利用,导致变化检测结果过度平滑。通过空间引力模型引入隶属度信息改进 Potts 模型,重新定义像素之间的空间邻域关系,式(3.10)可改写为

$$I(l(x_i), l(x_j)) = \begin{cases} -w_{ij} & l(x_i) = l(x_j) \\ 0 & l(x_i) \neq l(x_j) \end{cases} \tag{3.15}$$

式中,w_{ij} 是像素 x_i 与其邻域像素 x_j 之间的空间引力,可表示为

$$w_{ij} = z(p_i) \cdot z(p_j) \cdot \frac{1}{R_{i,j}^2} \tag{3.16}$$

其中,i 为中心像素 x_i 的索引值,$j \in N_i \{j = 1, 2, \cdots, 8\}$ 表示中心像素 x_i 的 3 像素×3 像素窗口邻域中的像素,如图 3.3(a)所示。z 表示中心像素 x_i 的类别标号,p_i 和 p_j 分别为像素 x_i 和其邻域像素 x_j 对于类别 z 的隶属度,可由 FCM 计算的隶属度信息得到。R_{ij} 表示中心像素 x_i 与其邻域像素 x_j 的空间距离,如图 3.3(b)所示。

　　(4)利用改进的 MRF,对 FCM 生成的初始变化检测图进行后处理,综合利用光谱和空间信息,生成最终的变化检测结果。最后,采用漏检像素数、漏检率、虚检像素数、虚检率、总错误像素数和总错误率等指标评价变化检测结果精度。

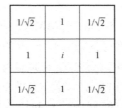

(a) 中心像素 x_i 的邻域 N_i　　　(b) 中心像素 x_i 与其邻域 N_i 的距离

图 3.3　中心像素 x_i 的空间邻域

3.3.2　实验结果与分析

　　为验证方法的可行性,对两组遥感影像进行实验验证,本节所有算法都在 MATLAB 下编程实现。

1. 实验一

　　实验一所用两时相遥感影像是由 Landsat 7 ETM+传感器分别于 2001 年 8 月和 2002 年 8 月获取的辽宁省某地区影像。选取一块大小为 300 像素×280 像素的影像作为研究区域,如图 3.4(a)、(b)所示,分别为两时相遥感数据真彩色影像。t_1 时相影像被配准到 t_2 时相影像,并采用直方图匹配方法对其进行相对辐射校正,在此基础上,利用变化矢量分析方法对除热红外波段外的所有波段进行处理,生成差分影像。地面参考数据通过对比两时相影像由人工生成,如图 3.4(c)所示。

(a) t_1 时相影像　　　　　(b) t_2 时相影像　　　　　(c) 地面参考数据

图 3.4　实验一所用 ETM+数据

图 3.5 为本节所用变化检测方法生成的变化检测图,包括多尺度水平集方法(MLS)、要求初始轮廓的多尺度水平集方法(MLSK)、基于最大期望的阈值方法(EM)、FCM 方法、MRF 方法和本节提出的 FCMMRF 方法。在 MLS 和 MLSK 方法中取 $\mu=0.2$,在 MRF 和 FCMMRF 方法中 β 的值分别设置为 1.8 和 4。如图 3.5(a)、(b)所示,MLS 和 MLSK 方法生成的变化检测图与地面参考数据比较接近,然而在一些较大的变化区域中含有斑点噪声,如图中区域 A。EM 和 FCM 方法生成的变化检测图中含有较多的斑点噪声,因为它们没有考虑空间邻域信息,如图 3.5(c)中区域 B 和图 3.5(d)中区域 A 所示。尽管图 3.5(e)、(f)中的变化检测区域相比其他四幅都更加完整,但 FCMMRF 方法保留了更多的细节变化,消除了传统 MRF 方法中对于边缘等区域过度平滑的现象,如图 3.5(f)中区域 C。综上所述,FCMMRF 方法能够生成最接近地面参考数据的变化检测图。主要原因是通过空间引力模型将隶属度信息引入 MRF 的 Potts 模型中,定义更加准确的像素之间的空间邻域关系,控制空间邻域信息对中心像素的影响。

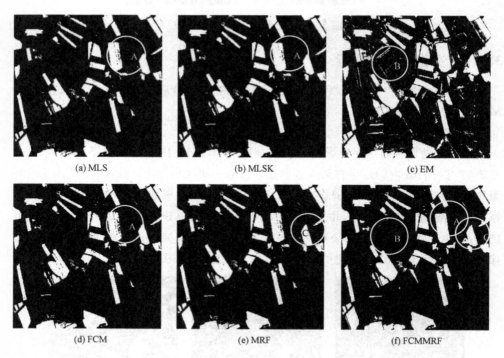

|(a) MLS|(b) MLSK|(c) EM|
|(d) FCM|(e) MRF|(f) FCMMRF|

图 3.5　实验一数据的变化检测结果

表 3.1 为 MLS、MLSK、EM、FCM、MRF 和 FCMMRF 等方法的虚检像素、漏检像素和总错误之间的对比。从表中可以看出,FCMMRF 方法与本节中其他方法相比,能够分别降低总错误率的 0.7%、0.7%、3.7%、0.9% 和 2.0%,至少减少

500 个错误像素以上，生成最高精度的变化检测图。该方法合并了 FCM 与 MRF 方法，计算时间比单一的 FCM 和 MRF 方法相比，相对较慢。因此，当需要得到更高精度的变化检测结果时，可用本节提出的 FCMMRF 方法，当需要更快速地得到变化检测结果时，可用本节中的其他方法。

表 3.1　实验一变化检测结果精度

方法	虚检错误		漏检错误		总错误	
	像素数	P_f/%	像素数	P_m/%	像素数	P_t/%
MLS	722	1.1	3 086	18.7	3 808	4.5
MLSK	721	1.1	3 054	18.6	3 775	4.5
EM	5 420	5.3	863	8.1	6 283	7.5
FCM	669	1.0	3 294	20.0	3 963	4.7
MRF	4 202	6.2	725	4.4	4 927	5.8
FCMMRF	1 230	1.8	2 032	12.4	3 262	3.8

2. 实验二

实验二所用数据由美国阿拉斯加某地区的两时相影像组成，分别由 Landsat 5 TM 传感器于 1985 年 7 月和 2005 年 7 月获取，选取大小为 400 像素×400 像素的影像为研究区，图 3.6(a)、(b)分别为两时相数据的真彩色影像。t_1 时相影像被配准到 t_2 时相影像，并利用直方图匹配方法对配准后的影像进行相对辐射校正。地面参考数据通过分析两时相由人工数字化生成，如图 3.6(c)所示。

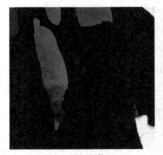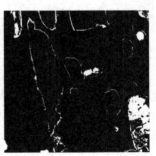

（a）t_1时相影像　　　　　（b）t_2时相影像　　　　　（c）地面参考数据

图 3.6　实验二所用 TM 数据

图 3.7 为采用 MLS、MLSK、EM、FCM、MRF 和 FCMMRF 等方法生成的变化检测结果图。在 MLS 和 MLSK 方法中，参数 μ 的值均被设置为 0.2，在 MRF 和 FCMMRF 方法中，参数 β 的值分别被设置为 1.5 和 2.5。从图 3.7(a)、(b)可以看出，MLS 和 MLSK 方法丢失了较多的细节变化，如区域 A 所示。图 3.7(c)包含较多的斑点噪声，主要是因为 EM 方法仅通过设置阈值检测变化，未利用空

间信息,如图 3.7(c)区域 B 所示。由于大量混合像素的存在,而 FCM 方法中仅将像素类别标记为隶属度中较大的一种,因此也漏检了较多的细节变化,如图 3.7(d)中区域 A 所示。FCMMRF 方法不仅生成更完整的同质区,而且能检测出细节变化,而 MRF 方法生成了过度平滑的变化检测结果,如图 3.7(e)、(f)中区域 C 所示。从图 3.7 可以看出,FCMMRF 与本节中其他方法相比,可以生成最接近地面参考数据的变化检测图。

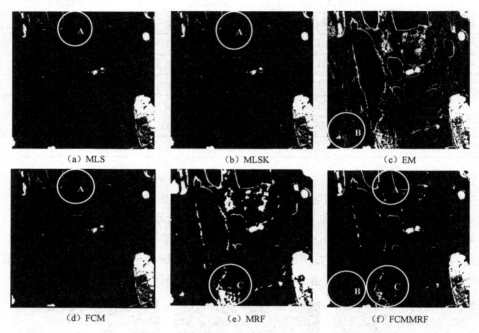

图 3.7　实验二数据的变化检测结果

　　表 3.2 中列出了 MLS、MLSK、EM、FCM、MRF 和 FCMMRF 等方法生成的变化检测结果的精度。从表中可以看出,由于 FCM 计算的隶属度信息通过空间引力模型引入到 MRF 中,对像素的空间邻域关系进行了更准确的定义,FCM-MRF 与本节中使用的其他方法相比,分别降低总错误率为 0.8%、0.7%、4.3%、0.7% 和 4.3%,至少减少 1 000 个错误像素以上,能够生成最高精度的变化检测结果,验证了 FCMMRF 方法的可行性。

表 3.2　实验二变化检测结果精度

方法	虚检错误		漏检错误		总错误	
	像素数	P_f/%	像素数	P_m/%	像素数	P_t/%
MLS	128	0.1	3 639	37.4	3 767	2.4
MLSK	138	0.1	3 597	36.9	3 735	2.3

续表

方法	虚检错误		漏检错误		总错误	
	像素数	$P_f/\%$	像素数	$P_m/\%$	像素数	$P_t/\%$
EM	9 323	6.2	107	1.1	9 323	5.9
FCM	118	0.1	3 595	36.9	3 713	2.3
MRF	9 042	6.0	449	4.6	9 491	5.9
FCMMRF	1 807	1.2	865	8.9	2 672	1.6

3.3.3　结　论

实验结果表明,相对于 MLS、MLSK 和 FCM 等方法,FCMMRF 方法可以检测到更完整的变化区域,相对于 EM 和 MRF 方法,FCMMRF 方法可以去除斑点噪声,且可以在一定程度上避免 MRF 中对于变化区域过度平滑的问题。总体上看,FCMMRF 方法可以得到比 MLS、MLSK、EM、FCM、MRF 方法更接近地面参考数据的变化检测图和最高精度的变化检测结果。说明通过空间引力模型引入隶属度信息对 MRF 中标记场的像素空间邻域关系进行重新定义是可行的,比传统的 MRF 中的 Potts 模型更加准确。但是由于该方法结合的 FCM 和 MRF 方法,计算时间长于单一的 FCM 和 MRF 方法,因此,当需要快速得到变化检测结果时,可选用其他方法;当需要更高精度的变化检测结果时,可选用 FCMMRF 方法。

3.4　基于对比敏感 Potts 模型的自适应
马尔可夫随机场变化检测

MRF 利用 Potts 模型计算标记场能量时,对差分影像中的所有像素取相同的空间信息利用权重(惩罚系数)β,并没有考虑差分影像中像素灰度值的具体分布。因为差分影像中像素的灰度值各不相同,表明像素发生变化的概率各不相同,灰度值越大,说明像素发生变化的概率越大;反之,像素未发生变化的概率越高;灰度值处于中间部分的像素,仅利用灰度值不容易决定其是否发生变化。传统的 Potts 模型中对差分影像所有像素设置相同的惩罚系数 β,对于灰度值处于两端的像素,极易造成空间邻域信息的过度利用,导致变化区域过度平滑。

3.4.1　检测方法与流程

针对上述不足,本节提出基于对比敏感 Potts 模型的自适应 MRF(CSPMRF)变化检测方法,其具体流程如图 3.8 所示,具体步骤如下。

(1)利用变化矢量分析方法对处理两时相影像。

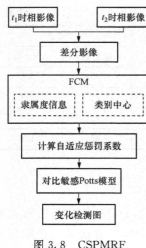

图 3.8　CSPMRF
方法的流程

（2）利用 FCM 算法对差分影像进行聚类，分为未变化和变化两类，并可以得到像素 x_j 在第 i 类中的隶属度 u_{ij} 与未变化和变化类别中心的 C_1 和 C_2。

（3）根据 FCM 计算的两类别中心，设置两个阈值 T_1 和 T_2，将差分影像分为变化、不确定和未变化三个部分，分别计算自适应的惩罚系数，建立对比敏感 Potts 模型。

在传统的 MRF 中，像素 x_i 的空间标记场能量可表示为

$$U_{\text{spatial}}(x_i) = \sum_{j \in N_i} I(l(x_i), l(x_j)) \qquad (3.17)$$

$$I(l(x_i), l(x_j)) = \begin{cases} -\beta & \text{当 } l(x_i) = l(x_j) \\ 0 & \text{当 } l(x_i) \neq l(x_j) \end{cases} \qquad (3.18)$$

式中，$\beta > 0$ 是同用户定义的惩罚系数，用来控制像素 x_i 的邻域像素对 x_i 的影响，N_i 表示像素 x_i 的空间邻域（$i \notin N_i$），$l(x_i)$ 和 $l(x_j)$（$j \in N_i$）分别表示像素 x_i 及其邻域像素 x_j 的类别标号。

根据计算得到的未变化和变化类别的中心 C_1 和 C_2 设置阈值 T_1 和 T_2，将差分影像中的像素分为未变化、不确定和变化三个部分，如图 3.9 所示。可用下式计算阈值

$$\left. \begin{array}{l} T_1 = M_{\text{mid}} - \alpha_1 (M_{\text{mid}} - C_1) \\ T_2 = M_{\text{mid}} + \alpha_2 (C_2 - M_{\text{mid}}) \end{array} \right\} \qquad (3.19)$$

式中，M_{mid} 是中间像素，它在 FCM 中对于未变化和变化类别有相同的隶属度，α_1 和 α_2 是常数，用来调节三个区域的范围。

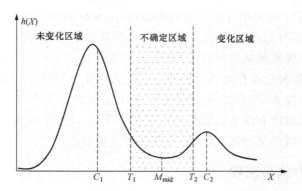

图 3.9　差分影像中像素的未变化、不确定和变化三部分

在此基础上，针对不同的区域，提出三种策略获的 Potts 模型中的自适应惩罚系数 β_m，可表示为

$$\beta_{\mathrm{m}}(X(i,j)) = \begin{cases} \beta \dfrac{X(i,j) - X_{\min}}{T_1 - X_{\min}} & \text{当 } X(i,j) < T_1 \\[2ex] \beta & \text{当 } T_1 \leqslant X(i,j) \leqslant T_2 \\[2ex] \beta \dfrac{X_{\max} - X(i,j)}{X_{\max} - T_2} & \text{当 } X(i,j) > T_2 \end{cases} \quad (3.20)$$

式中,$X_{\min}$ 和 $X_{\max}$ 分别为差分影像中最小和最大的像素灰度值。用自适应惩罚系数 β_{m} 代替传统的惩罚系数 β,即可得到对比敏感的 Potts 模型。

在这种情况下,当像素的灰度值小于阈值 T_1 时,惩罚系数 β_{m} 随着像素的灰度值从 T_1 到 $X_{\min}$ 变化而线性减小,即降低空间邻域信息对灰度值较小的像素的影响,原因是这些像素具有很高的可能性属于未变化部分。当像素的灰度值大于 T_2 时,惩罚系数 β_{m} 随着像素的灰度值从 T_2 到 $X_{\max}$ 增大而线性减小,即降低空间邻域信息对灰度值较大像素的影响,因为这些像素具有很高的可能性属于变化部分。除此之外,对位于不确定区域的像素设置一个固定的惩罚系数 β,充分利用空间信息精化初始变化检测图。MRF 模型的具体流程和求解方法请参考 3.2 节。

CSPMRF 的贡献在于根据差分影像中像素的灰度提出对比敏感 Potts 模型,合理利用空间邻域信息,在一定程度上降低了对变化区域的过度平滑和丢失变化细节的风险。

(4)利用基于敏感 Potts 模型的 MRF 对 FCM 生成的初始变化检测图进行后处理,综合利用空间和光谱信息得到最终的变化检测结果。采用漏检像素数、漏检率、虚检像素数、虚检率、总错误像素数和总错误率等指标评价变化检测结果精度。

3.4.2　实验结果与分析

采用 3.3 节中的两组遥感数据进行实验,验证提出方法的可行性,且本节所有算法都在 MATLAB 下编程实现。

1. 实验一

实验一所用遥感影像与 3.3.2 节实验一所用数据相同。将 t_1 时相影像被配准到 t_2 时相影像,并采用直方图匹配方法对其进行相对辐射校正,在此基础上,利用变化矢量分析方法对除热红外波段外的所有波段进行处理,生成差分影像。

图 3.10 为采用 MLS、MLSK、FCM、EM+MRF、FCM+MRF 和 CSPMRF 方法生成的变化检测图。MLS 和 MLSK 方法中,参数 μ 的值设置为 0.2;EM+MRF、FCM+MRF 和 CSPMRF 等方法中 β 的值分别设置为 1.8、1.5 和 1.5;CSPMRF 方法中 α 的值为 0.15。MLS、MLSK 和 FCM 方法均能生成与地面参考数据较接近的变化检测图,然而存在斑点噪声,如图 3.10(a)、(b)和(c)中圆形区域所示。图 3.10(d)较以上三种方法能生成更完整的同质区,但丢失了若干细节变化且存在变化区域过度平滑的问题,如图中圆形区域所示。尽管 FCM+MRF

和 CSPMRF 方法均生成了与地面参考数据比较相似的变化检测图,但是如图中圆形区域所示,参数相同的情况下前者依然存在过度平滑的问题。然而,CSPMRF方法不但得到较好的同质区,而且在检测变化细节方面表现较好,能够得到满意的变化检测结果,如图 3.10(f)所示。

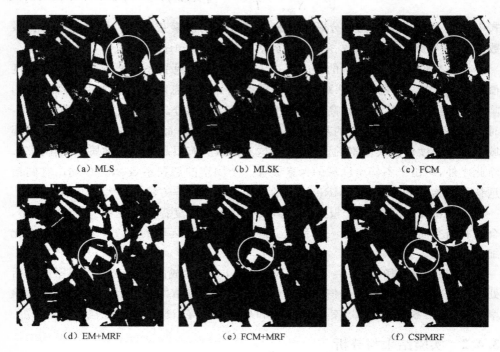

(a) MLS　　　　　　　　(b) MLSK　　　　　　　(c) FCM

(d) EM+MRF　　　　　　(e) FCM+MRF　　　　　(f) CSPMRF

图 3.10　实验一数据的变化检测结果

表 3.3 列出了 MLS、MLSK、FCM、EM＋MRF、FCM＋MRF 和 CSPMRF 方法变化检测结果的精度。从表中可以看出,CSPMRF 方法与其他方法相比,精度分别提高了 1.1％、1.1％、1.3％、2.4％和 0.3％,至少减少总错误像素 300 个以上,生成了最高精度的变化检测结果,因为该方法对未变化区域、不确定区域和变化区域中的不同像素采取了自适应的惩罚系数,更合理地利用了空间信息。

表 3.3　实验一变化检测结果精度

方法	虚检错误		漏检错误		总错误	
	像素数	$P_f/\%$	像素数	$P_m/\%$	像素数	$P_t/\%$
MLS	722	1.1	3 086	18.7	3 808	4.5
MLSK	721	1.1	3 054	18.6	3 775	4.5
FCM	669	1.0	3 294	20.0	3 963	4.7
EM＋MRF	4 202	6.2	725	4.4	4 927	5.8

续表

方法	虚检错误		漏检错误		总错误	
	像素数	P_f/%	像素数	P_m/%	像素数	P_t/%
FCM+MRF	883	1.3	2 253	13.7	3 136	3.7
CSPMRF	1 136	1.7	1 694	10.3	2 830	3.4

表 3.4 为相同的 β 值下,设置不同的区域划分控制参数 α 得到的变化检测结果精度。可以看出,虚检像素随着 α 的增大整体下降,漏检像素随着 α 的增大而增加。虚检像素和漏检像素均在 $\alpha=0.4$ 时,发生明显的变化。然而,总错误像素基本稳定,只发生轻微的变化,且精度均高于传统的 MRF 方法生成的变化检测结果。因此,本节提出的 CSPMRF 方法能够在一定程度上避免过度平滑和丢失变化细节的问题,验证了本方法的可行性。

表 3.4　对于不同的 α 值实验一变化检测结果精度

α	虚检错误		漏检错误		总错误	
	像素数	P_f/%	像素数	P_m/%	像素数	P_t/%
0.1	1 216	1.8	1 678	10.1	2 869	3.4
0.15	1 136	1.7	1 694	10.3	2 830	3.4
0.2	1 146	1.7	1 692	10.3	2 838	3.4
0.3	1 134	1.7	1 696	10.3	2 830	3.4
0.4	1 087	1.6	1 756	10.7	2 843	3.4

2. 实验二

实验二所用数据与 3.3.2 节实验二所用数据相同。t_1 时相影像被配准到时 t_2 时相影像,并利用直方图匹配方法对配准后的影像进行相对辐射校正。

图 3.11 为采用 MLS、MLSK、FCM、EM+MRF、FCM+MRF 和 CSPMRF 方法生成的变化检测图。MLS 和 MLSK 方法中,参数 μ 的值设置为 0.2;EM+MRF、FCM+MRF 和 CSPMRF 等方法中 β 的值分别设置为 1.5、0.6 和 0.6;CSPMRF 方法中 α 的值为 0.15。如图 3.11(a)、(b)和(c)所示,MLS、MLSK 和 FCM 方法生成的变化检测图中丢失了大量的细节变化,见图中圆形区域。图 3.11(d)较以上三种方法能生成更完整的同质区并且去除了较多虚检像素,但丢失了若干细节变化且存在变化区域过度平滑的问题,如图中圆形区域所示。从图 3.11(e)、(f)可以看出,与 FCM+MRF 方法相比,CSPMRF 生成了更令人满意的变化检测结果,如图中圆形区域所示,它不仅得到完整的同质区,而且能够检测细节变化,减弱传统 MRF 中对变化区域过度平滑的问题。

表 3.5 列出了 MLS、MLSK、FCM、EM+MRF、FCM+MRF 和 CSPMRF 方

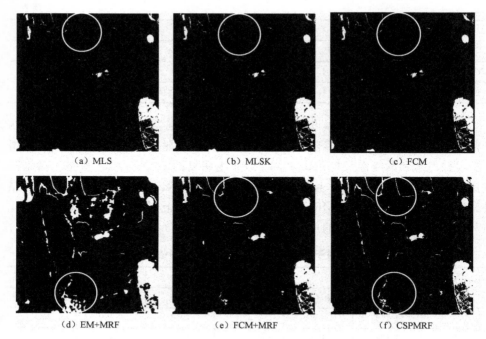

（a）MLS　　　　　　　（b）MLSK　　　　　　　（c）FCM

（d）EM+MRF　　　　　　（e）FCM+MRF　　　　　　（f）CSPMRF

图 3.11　实验二数据的变化检测结果

法变化检测结果的精度。从表中可以看出，CSPMRF 与其他方法相比，精度分别提高了 1.0%、0.9%、0.9%、4.5% 和 0.3%，至少减少总错误像素 600 个以上，能够生成最高精度的变化检测结果，因为该方法对未变化区域、不确定区域和变化区域中的不同像素采取了自适应的惩罚系数，建立了对比敏感 Potts 模型，在 MRF 过程中，更合理地利用了空间信息。

　　表 3.6 为在相同的 β 参数下，设置不同的区域划分控制参数 α 得到的变化检测结果精度。可以看出，随着 α 的增大，虚检像素增多，漏检像素减少。然而，当 α 在 0.1~0.3 内变化时，总错误像素基本不变，虽然在 $\alpha=0.4$ 出现明显的增多，但精度仍高于传统的 MRF 方法生成的变化检测结果。

表 3.5　实验二变化检测结果精度

方法	虚检错误		漏检错误		总错误	
	像素数	$P_f/\%$	像素数	$P_m/\%$	像素数	$P_t/\%$
MLS	128	0.1	3 639	37.4	3 767	2.4
MLSK	138	0.1	3 597	36.9	3 735	2.3
FCM	118	0.1	3 595	36.9	3 713	2.3
EM+MRF	9 042	6.0	449	4.6	9 491	5.9

续表

方法	虚检错误		漏检错误		总错误	
	像素数	$P_f/\%$	像素数	$P_m/\%$	像素数	$P_t/\%$
FCM+MRF	781	0.5	2 005	20.5	2 786	1.7
CSP	1 276	0.9	905	9.3	2 181	1.4

表 3.6 对于不同的 α 值实验二变化检测结果精度

α	虚检错误		漏检错误		总错误	
	像素数	$P_f/\%$	像素数	$P_m/\%$	像素数	$P_t/\%$
0.1	1 283	0.9	892	9.2	2 175	1.4
0.15	1 276	0.9	905	9.3	2 181	1.4
0.2	1 276	0.9	905	9.3	2 181	1.4
0.3	1 285	0.9	901	9.3	2 186	1.4
0.4	1 197	0.8	1 044	10.7	2 241	1.4

3.4.3 结 论

实验结果表明,提出的基于对比敏感 Potts 模型的 MRF 变化方法能够生成相比于本节中其他方法精度更高的变化检测结果,可去除斑点噪声,并同时检测两时相影像间的细节变化,验证了提出方法的可行性。本方法中通过设置灰度阈值 T_1 和 T_2 将差分影像中的像素分为未变化、不确定是否变化和变化三部分,并分别设计不同的自适应惩罚系数,能使 MRF 过程更合理地利用空间邻域信息。除此之外,本节还对三区域划分参数 α 对变化检测结果精度的影响进行研究,结果表明,在一定范围内,该方法受参数 α 影响不大,具有较好的稳定性。

第4章 面向对象的多尺度遥感影像变化检测

遥感影像是根据不同的地物对光谱特性的反射情况不同而获得的。一般情况下,不同时期获得的遥感影像中,变化地物的光谱反射情况会有很大差别,而未变化地物的光谱反射情况仍具有相似性。传统的基于像素的变化检测方法正是利用上述性质实现两期遥感影像的变化检测。虽然许多学者对基于像素的变化检测方法进行了深入的研究,但依然存在对噪声比较敏感、影像图斑比较破碎等问题。随着遥感技术的不断发展,遥感影像的空间分辨率越来越高,且更易获取,其纹理信息更加丰富,结构特征更加明显。因此,面向对象的变化检测方法被提出,并被广泛应用。

利用面向对象的变化检测方法处理遥感影像时,处理的最小单元是含有更多语义信息的由多个相邻像素组成的对象,而不再是单独的像素。在不考虑邻域像素的情况下,对单独像素的变化检测往往会导致严重的"椒盐噪声",面向对象的影像分析方法能够较好地解决遥感影像变化检测的噪声问题。此外,不同地类的变化均有与之相适应的最佳分辨率影像或最佳尺度,并不是空间分辨率越高越好。面向对象的变化检测方法能根据地类的特点,在不同尺度上检测地物变化信息,在对某地物类别最适中的尺度上进行变化检测,提高变化检测的精度。本章提出两种面向对象的变化检测方法:①基于统计的区域融合(statistical region merging,SRM)方法与主动轮廓模型结合的面向对象的遥感影像变化检测;②基于对象尺度不确定性分析的变化检测。

4.1 统计区域融合分割方法

在面向对象的影像处理中,首先需要对影像进行分割。而一些传统的分割算法(如 k 均值算法、迭代自组织数据分析算法等)分割影像时,分割结果经常受算法中初始值的影响。基于统计的区域融合的分割方法能够很好地处理影像中噪声和遮挡问题,且可以稳定地得到不同尺度的分割结果(Nock et al,2004)。本章采用 SRM 方法分割遥感影像,在此基础上进行面向对象的遥感影像变化检测。

在 SRM 中,设 X 为观测影像,由 $m \times n$ 像素和 $2L$ 波段组成,且每个像素的值在 $[0,1,\cdots,g]$ 内,在本章中,$g=255$。假设 X^* 为观测影像 X 的最佳分割结果,观测影像 X 的每一个波段的值均通过对 X^* 中像素的值进行 Q 级的重采样得到,其

中 X^* 的值在 $[0, g/Q]$ 内，Q 为独立随机变量，用来调整分割的尺度，Q 越大，分割结果中存在越多的分割图斑。

SRM 主要通过在融合预测条件和融合顺序之间的迭代实现影像分割。融合条件可表示为

$$P(R,R') = \begin{cases} \text{ture} & \text{如果 } \forall a \in [1,2,\cdots,2L], |\overline{R'_a} - \overline{R_a}| \leqslant b(R,R') \\ \text{false} & \text{其他} \end{cases} \quad (4.1)$$

式中，R 和 R' 表示影像 X 中的图斑，$\overline{R_a}$ 和 $\overline{R'_a}$ 分别表示 R 和 R' 中波段 a 的平均值，$b(R,R')$ 可表示为

$$b(R,R') = g\sqrt{\frac{1}{2Q}\left(\frac{1}{|R|} + \frac{1}{|R'|}\right)\ln\frac{2}{\delta}} \quad (0 < \delta < 1) \quad (4.2)$$

如果 $P(R,R') = \text{true}$，R 和 R' 则进行融合。对于融合顺序，函数 f 可以用来对 X 中的像素进行排序，f 可表示为

$$f_a(p,p') = |p_a - p'_a| \quad (4.3)$$

式中，p 和 p' 是 X 中的像素，p_a 和 p'_a 分别为像素 p 和 p' 在波段 a 中的灰度值。通过迭代即可实现图像的分割。

4.2　统计区域融合与主动轮廓模型结合的面向对象的变化检测

4.2.1　检测方法与流程

提出的 SRM 与主动轮廓结合的面向对象的遥感影像变化检测方法（SR-MAC）流程如图 4.1 所示，具体步骤如下。

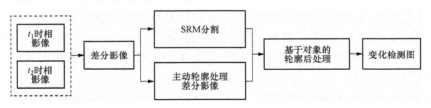

图 4.1　SRMAC 方法的流程

1）利用变化矢量分析方法处理两时相影像，并生成差分影像。具体步骤请参考 2.2 节

2）用 SRM 算法分割差分影像，生成分割结果图，为得到不同尺度的分割结果，设置 $Q = 2^n (n=1,2,\cdots,8)$

3）对差分影像执行主动轮廓模型，通过主动轮廓的演化将差分影像分割为变化和非变化两部分。实现影像分割的主动轮廓能量函数可写为

$$E(C) = \mu \cdot \text{Length}(C) + \int_{I(C)} | u(x,y) - c_1 |^2 \mathrm{d}x \mathrm{d}y +$$

$$\int_{O(C)} | u(x,y) - c_2 |^2 \mathrm{d}x \mathrm{d}y \tag{4.4}$$

式中，μ 为常数，c_1 和 c_2 分别表示演化轮廓 C 内部区域和外部区域的平均灰度，$u(x,y)$ 表示影像上像素的灰度值。$\int_{I(C)} | u(x,y) - c_1 |^2 \mathrm{d}x \mathrm{d}y$ 表示像素灰度值与轮廓内部平均灰度值之差的平方和，同理，$\int_{O(C)} | u(x,y) - c_2 |^2 \mathrm{d}x \mathrm{d}y$ 表示像素灰度值与轮廓外部平均灰度值之差的平方和。利用水平集进行能量函数的求解

$$\left. \begin{aligned} \frac{\partial \varphi}{\partial t} &= \delta_\varepsilon(\varphi) \left[\mu \nabla \frac{\nabla \varphi}{| \nabla \varphi |} - v - \lambda_1 | u(x,y) - c_1 |^2 + \lambda_2 | u(x,y) - c_2 |^2 \right] \\ \varphi(0,x,y) &= \varphi_0(x,y) \end{aligned} \right\}$$

$$\tag{4.5}$$

式中，φ 为水平集函数，t 为加入的时间变量。$\varphi(0,x,y)$ 表示加入时间变量后 $\varphi(t,x,y)$ 函数在 $t=0$ 时刻的值与初始的 $\varphi_0(x,y)$ 函数值相同，具体过程请参考 2.1 节。

4)利用 SRM 分割的结果对演化的主动轮廓进行精化，精化后轮廓内部的像素被判定为变化，而轮廓外的像素被检测为非变化

具体步骤包括：

(1)在主动轮廓内部的像素被检测为变化，在主动轮廓外部的像素被检测为非变化。寻找分割图斑，将图斑中有像素被检测为变化的图斑记录为 R_i。

(2)计算记录图斑 R_i 的变化能量。一方面，将图斑 R_i 视为变化部分，即将其归到轮廓内部，利用式(4.5)计算此时能量 E_1；另一方面，将图斑 R_i 视为非变化部分，即将图斑归到轮廓外部，同样利用式(4.5)计算此时能量 E_2。

(3)判定图斑 R_i 是否为真正变化。比较能量 E_1 和 E_2，如果 $E_1 < E_2$，则判定图斑 R_i 属于变化部分，否则判定图斑 R_i 属于非变化部分。然后利用图斑 R_i 对轮廓进行精化。

(4)对于所有记录的分割图斑 R_i 重复步骤(3)，直到处理演化轮廓被所有记录图斑 R_i 精化。最终在轮廓内部的像素被判定为变化，而轮廓外部的像素则为非变化部分。采用漏检率、虚检率、总错误率和 Kappa 系数等指标评价变化检测结果精度。

4.2.2　实验结果与分析

为验证提出的 SRMAC 方法的有效性，本节分别对两种不同分辨率的数据进行实验，并与其他效果较好的变化检测方法进行比较。本实验所用程序均采用 MATLAB 编程实现。

1. 实验一

实验一所用数据是两幅大小为 400 像素×400 像素的多光谱影像,分别由 Landsat 7 ETM＋传感器于 2001 年 8 月和 2002 年 8 月辽宁省某地区获取的。图 4.2(a)、(b)分别显示了两时相数据的真彩色影像,两时相影像间的变化主要是由农田种植作物的变化引起的。将 t_1 时相影像配准到 t_2 影像,利用直方图匹配对配准后的两时相影像进行相对辐射校正,然后利用变化矢量分析方法生成差分影像。图 4.2(c)是地面参考数据,通过人工对两时相影像处理得到。

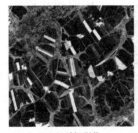

　　(a) t_1 时相影像　　　　　　(b) t_2 时相影像　　　　　　(c) 地面参考数据

图 4.2　实验一所用 ETM＋数据

在 SRM 分割算法中,参数 Q 控制着影像分割的尺度,Q 值越大,在分割结果中会存在越多的细节图斑。当 Q 值较小时,只能将差分影像中基本的地物分为完整的部分,用这种情况生成的分割图对主动轮廓提取的初步变化检测图进行后处理,会因为分割影像过于粗糙产生较多的漏检和虚检像素。相反,当 Q 值过大时,在分割图中会存在较多的细节图斑,达不到利用分割图去除主动轮廓生成的初始检测图中虚检错误的目的。因此,确定合适的分割参数 Q 的值,对于生成高精度的变化检测结果至关重要。为研究参数 Q 对变化检测结果精度的影响,本实验设置主动轮廓的参数 $\mu=0.2$,$Q\in\{32,64,128,256\}$,生成的变化检测结果如图 4.3 所示。从图中可以看出,当 $Q=32$ 时,只有面积较大或者灰度值较大的变化区域才能被检测,主要原因是 Q 值相对较小,生成了较粗糙的分割图,导致面积较

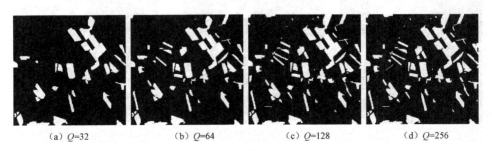

　　(a) $Q=32$　　　　　(b) $Q=64$　　　　　(c) $Q=128$　　　　　(d) $Q=256$

图 4.3　SRM 中不同 Q 值生成的变化检测结果

小的变化细节未被检测。随着 Q 值的增大,更多的面积较小的细节变化能够被检测,这是因为较大的 Q 值生成了更精细的分割图,对初始变化检测图起到了去除虚检错误并保留细节变化的作用。因此,当 $Q=128$ 或 $Q=256$ 时,能够生成与地面参考数据更接近的变化检测图。

表 4.1 显示了不同 Q 值生成的变化检测结果的精度。从表中可以看出,随着 Q 值的增大,变化检测结果的精度就越高。当 $Q=128$ 和 $Q=256$ 时,生成的变化检测结果具有相同的总错误率,$Q=256$ 时生成的变化检测结果的 Kappa 系数更高,具有更高的一致性。总体看来,$Q=128$ 和 $Q=256$ 时生成的变化检测结果精度基本一致,相比 $Q=64$ 时生成的变化检测结果精度有较大提高。

表 4.1　SRM 中不同 Q 值生成的变化检测结果精度

Q	$P_m/\%$	$P_f/\%$	$P_t/\%$	Kappa 系数
32	36.1	0.4	7.1	0.732 6
64	21.7	0.9	4.8	0.830 7
128	15.3	1.3	4.0	0.864 6
256	14.8	1.4	4.0	0.866 9

在主动轮廓方法中,参数 μ 控制着轮廓的长度,用于调节变化检测图去除噪声与检测变化细节之间的平衡。为验证参数 μ 对提出方法的影响,本实验设置 $Q=128$,μ 在 $[0,1]$ 以 0.1 为步长进行变化,用本节提出的方法生成变化检测结果,图 4.4 显示了部分变化检测结果。从图中可以看出,当 $\mu=0$ 时生成的变化检测图中包含大量的细节变化,并且检测的变化区域具有较准确的轮廓。随着 μ 的增大,检测的细节变化越来越少,只有面积较大或灰度值较大的变化区域能被检测,但是变化区域的形状能够保持不变,且具有较准确的轮廓。

　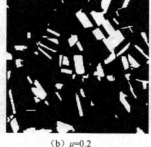　

　　(a) $\mu=0$　　　　　　　　　　(b) $\mu=0.2$　　　　　　　　　　(c) $\mu=0.4$

图 4.4　主动轮廓中不同的 μ 值生成的变化检测结果

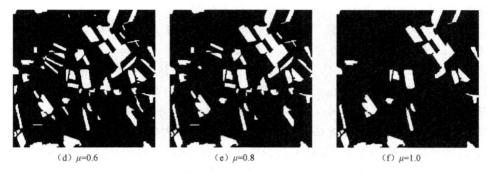

（d）μ=0.6　　　　　　　　（e）μ=0.8　　　　　　　　（f）μ=1.0

图 4.4（续）　主动轮廓中不同的 μ 值生成的变化检测结果

　　图 4.5 描述了 Q=128 时，不同的 μ 值生成的变化检测结果精度的变化趋势。从图中可以看出，当 μ 在［0,0.6］变化时，变化检测结果的精度基本保持不变，当 μ=0.7 时，检测结果精度出现明显的下降。结果表明，提出的方法受参数 μ 的影响不大，具有较高的稳定性。

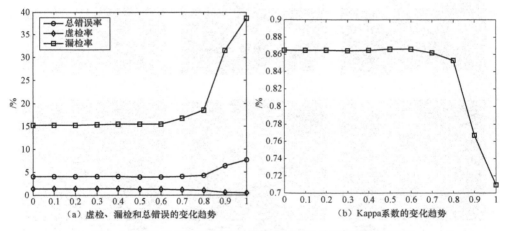

（a）虚检、漏检和总错误的变化趋势　　　　　　（b）Kappa系数的变化趋势

图 4.5　主动轮廓中不同的 μ 值生成的变化检测结果精度变化

　　为证明提出方法的可行性，本节采用 DRLSE、CV、MLSK 和 EMAC 等变化检测效果较好的方法处理本实验中的数据，并与 SRMAC 方法进行对比。图 4.6 为本节中所用的变化检测方法生成的变化检测结果，其中 CV、MLSK 和 EMAC 等方法均设置 μ=0.1，在 SRMAC 方法中 Q=128，μ=0.2。从图 4.6 中可以看出，DRLSE、MLSK 和 EMAC 方法能够生成与地面参考数据比较相近的变化检测图，但是图中还存在一定量的虚检错误（噪声）；DRLSE 和 MLSK 方法检测的变化区域中含有少量的漏检错误；EMAC 方法则相对较好；CV 方法生成的变化检测图与地面参考数据相比，含有较多的虚检错误。SRMAC 方法能够生成与地面参考数据极为相近的变化检测图，如图 4.6（e）所示，其中包含极少的虚检错误，而且基本

保留出了细节变化,能够得到较满意的变化检测图。

　　表 4.2 为本节所用方法生成的变化检测结果精度。从表中可以看出,CV 方法生成的变化检测结果精度最低,总错误率为 10.1%,Kappa 系数为 0.685 2。DRLSE、MLSK 和 EMAC 方法生成的变化检测结果精度相近,总错误率分别为 8.4%、7.8% 和 7.3%,Kappa 系数分别为 0.713 3、0.736 6 和 0.749 8。SRMAC 方法能够生成精度最高的变化检测结果,其总错误率为 4.0%,Kappa 系数为 0.864 6,与本节中的其他方法相比,在精度方面有较大的提高。主要原因是利用 SRM 的分割图对主动轮廓提取的初步变化检测结果进行后处理时,能够对初步变化检测结果图进行精化,去除了大量的虚检错误,又能保留细节变化和精确的变化区域边缘。

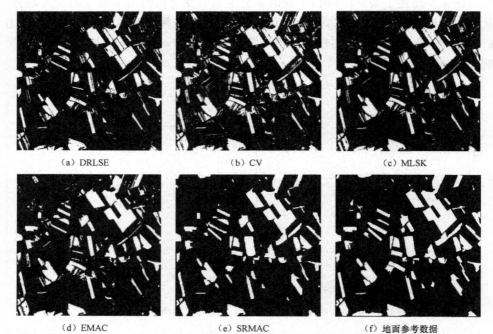

（a）DRLSE　　　　　　　（b）CV　　　　　　　（c）MLSK

（d）EMAC　　　　　　（e）SRMAC　　　　　（f）地面参考数据

图 4.6　不同方法生成的变化检测结果

表 4.2　不同方法生成的变化检测结果精度

	像素数	P_m/%	像素数	P_f/%	像素数	P_t/%	Kappa 系数
DRLSE	9 149	30.2	4 021	3.1	13 440	8.4	0.713 3
CV	6 302	20.8	9 858	7.6	16 160	10.1	0.685 2
MLSK	7 483	24.7	5 059	3.9	12 542	7.8	0.736 6
EMAC	7 604	25.1	4 151	3.2	11 755	7.3	0.749 8
SRMAC	4 635	15.3	1 686	1.3	6 321	4.0	0.864 6

2. 实验二

实验二所用数据为天津某地区的 SPOT 5 影像数据，t_1 时相影像的获取时间为 2008 年 4 月，t_2 时相影像的获取时间为 2009 年 2 月。分别对两幅影像进行全色与多光谱波段的影像融合，并将融合后的影像进行配准处理，最终获得 t_1 和 t_2 时相空间分辨率为 2.5m 的三波段的多光谱影像数据，如图 4.7 所示。本实验中从影像选取其中一块大小为 445 像素×546 像素的影像作为研究对象，验证所提出的方法。通过分析两时相影像，利用目视解译的方法得到两时相影像间变化的参考数据，用于定量评价变化检测结果，如图 4.7(c)所示。

（a）t_1 时相影像　　　　　（b）t_2 时相影像　　　　　（c）地面参考数据

图 4.7　实验二所用 SPOT 数据

为研究参数 Q 对变化检测结果精度的影响，本实验设置 $\mu = 3.5$，$Q \in \{32, 64, 128, 256\}$，生成的变化检测结果如图 4.8 所示。从图中可以看出，当 $Q = 32$ 时，只有面积较大或者灰度值较大的变化区域才能被检测，随着 Q 值的增大，更多的细节变化能够被检测。这是因为 Q 值较小时，生成较粗糙的分割图，导致面积较小的细节变化被漏检，而较大的 Q 值生成了更精细的分割图，并对初始检测结果进行精化。在本实验中，当 Q 取值为 64、128 或 256 时，能够生成相似且与地面参考数据比较接近的变化检测图。

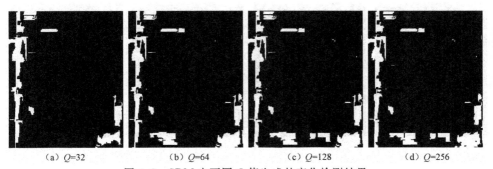

（a）$Q=32$　　　　　（b）$Q=64$　　　　　（c）$Q=128$　　　　　（d）$Q=256$

图 4.8　SRM 中不同 Q 值生成的变化检测结果

表 4.3 为不同 Q 值生成的变化检测结果的精度。从表中可以看出,随着 Q 值的增大,变化检测结果的精度也增加。当 $Q=128$ 时,生成的变化检测结果精度最高,总错误率为 6.5%,Kappa 系数为 0.711 6;当 $Q=256$ 时,生成的变化检测结果的精度反而降低,总错误率为 6.6%,Kappa 系数为 0.702 6,但与最高精度的变化检测结果相差不大。

为验证主动轮廓中参数 μ 对提出方法生成的变化检测结果的影响,本实验设置 $Q=128$,μ 在[0,5]以 0.1 为步长进行变化,生成变化检测结果,图 4.9 显示了部分结果。从图中可以看出,当 $\mu=0$ 时生成的变化检测图中包含大量的细节变化,但同时生成了较多的虚检错误。随着 μ 的增大,虚检错误越来越少,只有面积较大或灰度值较大的变化区域能被检测,但变化区域的形状能够保持不变。实验结果表明,SRMAC 方法与传统的 CV 方法相比,能够生成形状稳定且准确的变化检测区域,在一定程度上弥补了传统主动轮廓模型受参数 μ 影响过大的不足。

表 4.3　SRM 中不同 Q 值生成的变化检测结果精度

Q	P_m/%	P_f/%	P_t/%	Kappa 系数
32	49.34	1.3	8.2	0.598 1
64	37.01	1.9	7.0	0.683 3
128	33.38	1.9	6.5	0.711 6
256	35.31	1.7	6.6	0.702 6

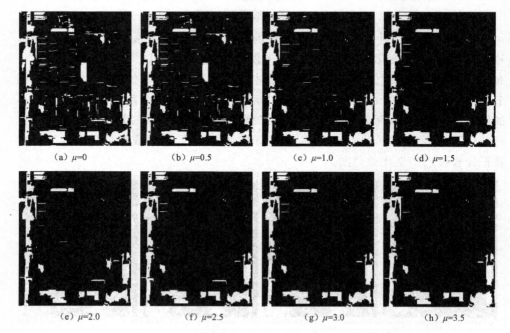

(a) $\mu=0$　　　(b) $\mu=0.5$　　　(c) $\mu=1.0$　　　(d) $\mu=1.5$

(e) $\mu=2.0$　　　(f) $\mu=2.5$　　　(g) $\mu=3.0$　　　(h) $\mu=3.5$

图 4.9　主动轮廓中不同的 μ 值生成的变化检测结果

图 4.10 描述了 $Q=128$ 时,不同的 μ 值生成的变化检测结果精度的变化趋势。从图中可以看出,当 μ 在[0,1.5]内变化时,变化检测结果的精度随着 μ 的增大而提高,之后变化检测结果的总错误率基本保持不变,但 Kappa 系数仍然随 μ 的增大而提高,直到 μ 达到 3.5 时,变化检测结果的精度基本保持不变。结果表明,在一定范围内,SRMAC 方法受参数 μ 值的影响不大,具有较高的稳定性。

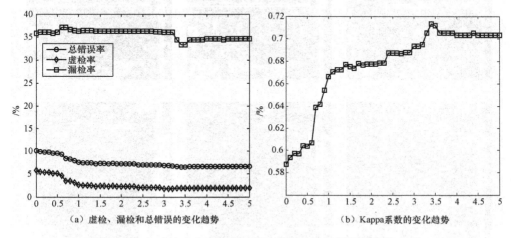

（a）虚检、漏检和总错误的变化趋势　　　　　（b）Kappa 系数的变化趋势

图 4.10　主动轮廓中不同的 μ 值生成的变化检测结果精度变化

为证明提出方法的可行性,实验二仍然采用 DRLSE、CV、MLSK 和 EMAC 等方法处理本实验中的数据,并与 SRMAC 方法进行对比。图 4.11 为本节中所用的变化检测方法生成的变化检测结果,其中 CV 和 MLSK 方法设置 $\mu=3.5$,EMAC 方法设置 $\mu=1.0$,在 SRMAC 方法中 $Q=128$,$\mu=3.5$。从图 4.11 可以看出,DRLSE、CV、MLSK 和 EMAC 生成的变化检测图中,因受建筑物阴影、拍摄季节和辐射变化等因素影响,均含有较多的虚检错误。SRMAC 方法能够生成与地面参考数据最相近的变化检测图,如图 4.11(e)所示,其中包含极少的虚检错误,且能检测细节变化,能够得到较满意的变化检测图。

表 4.4 为本节所用方法生成的变化检测结果精度。从表中可以看出,CV 方法生成的变化检测结果精度最低,虽然漏检率最低,但虚检率较高,达到 10.3%,总错误率达到 12.8%,Kappa 系数为 0.545 0。MLSK 方法生成的变化检测结果总错误率为 11.9%,Kappa 系数为 0.546 1,相对 CV 方法有所提高。DRLSE 和 EMAC 方法生成的变化检测结果精度相近,总错误率分别为 10.3% 和 10.9%,Kappa 系数分别为 0.525 5 和 0.564 3,虽然 DRLSE 生成的总错误率更低,但 Kappa 系数也低于 EMAC 生成的变化检测结果。SRMAC 方法能够生成精度最高的变化检测结果,其总错误率为 6.5%,Kappa 系数为 0.711 6,与本节中的其他方法相比,在精度方面有较大的提高。主要原因是利用 SRM 的分割图对主动轮

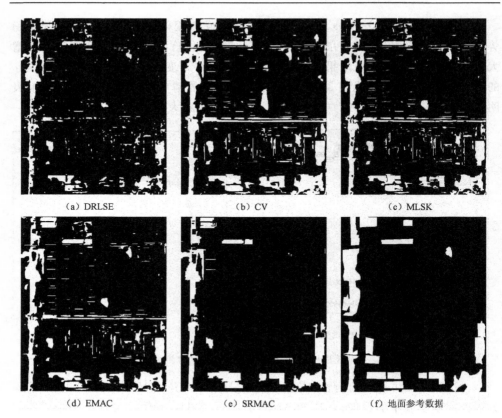

（a）DRLSE   （b）CV   （c）MLSK

（d）EMAC   （e）SRMAC   （f）地面参考数据

图 4.11　不同方法生成的变化检测结果

廓提取的初步变化检测结果进行后处理时，能够对初步变化检测结果进行精化，去除了大量的虚检错误，又能检测细节变化和精确的变化区域轮廓。

表 4.4　不同方法生成的变化检测结果精度

	像素数	$P_m/\%$	像素数	$P_f/\%$	像素数	$P_t/\%$	Kappa 系数
DRLSE	17 700	50.3	7 480	3.6	25 780	10.3	0.525 5
CV	9 747	27.7	21 401	10.3	31 148	12.8	0.545 0
MLSK	12 035	34.2	16 830	8.1	28 913	11.9	0.546 1
EMAC	12 633	35.9	13 921	6.7	26 554	10.9	0.564 3
SRMAC	15 693	33.38	4 047	1.9	15 793	6.5	0.711 6

4.2.3　结　论

实验结果表明：①本节提出的 SRM 与主动轮廓模型结合的面向对象的变化检测方法，与变化检测效果较好的 DRLSE、CV、MLSK 和 EMAC 等方法相比，能够较大幅度地提高变化检测精度,生成较满意的变化检测结果;②在 SRM 算法分割差分影像过程,变化检测结果在一定范围内受尺度控制参数 Q 影响不大,即 Q 的值为 128 或 256 时,生成的变化检测结果基本相同;③在主动轮廓模型检测变化过程中,轮廓长度参数在一定范围内对变化检测结果的影响不大,当虚检像素较少且面积较小时,可设置较小的 μ 值,当虚检像素较多且面积较大时,应设置较大的 μ 值;④利用 SRM 分割后的对象对主动轮廓模型生成的初始变化检测图的精化方法是可行的,不但可以去除虚检错误,而且可以检测细节变化,降低了尺度不确定性对变化检测结果的影响。

4.3　基于对象尺度不确定性分析的变化检测

在面向对象的尺度不确定性分析的变化检测方法中,影像分割是生成对象图斑的基本步骤。由于地物的复杂性和影像空间分辨率的不同,造成不同分割尺度形成的分割结果对影像中地物的适应程度不同,引入不确定性,严重影响变化检测的结果。多尺度分割是指采用不同的尺度对影像进行分割,生成多种尺度的分割结果,针对地物特征选择适当的分割结果,有利用提高变化检测结果精度。

4.3.1　检测方法与流程

本节提出基于对象尺度不确定性分析的变化检测方法,其过程如图 4.12 所示,具体步骤如下。

1. 影像叠加和分割

假设 T_1 时相影像为 X_1,包括 L_1 个波段,T_2 时相影像为 X_2,包括 L_2 个波段,且两时相影像具有相同的行列数。利用波段叠加方法将两时相影像进行组合,生成具有 $L_1 + L_2$ 个波段的影像 X。利用 4.1 节中的 SRM 方法对叠加后的影像 X 进行分割,设置不同的分割尺度参数 Q,生成多尺度的分割结果。

2. 基于像素的变化检测

首先,利用变化矢量分析方法处理两时相影像,生成差分影像;然后,利用 FCM 方法对差分影像进行模糊聚类,得到基于像素的变化检

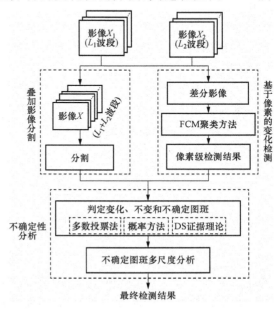

图 4.12　提出方法的流程

测结果和影像中像素属于变化和未变化类别的隶属度,FCM 的具体步骤请参考
3.1.1 节。

3. 判定变化、非变化和不确定图斑

分别利用多数投票法(majority voting method,MV)、概率方法(probability method,PRO)和 DS 证据理论方法进行分割不确定性分析。首先,选择 SRM 得到的较粗尺度的影像分割结果进行分析;然后分别利用如下三种方法对分割结果中的图斑进行判定。

1)多数投票法

对于第 i 个图斑 R_i,利用 FCM 生成的基于像素的变化检测结果,计算图斑的不确定性指数

$$T = \begin{cases} \dfrac{n_c}{n} & \text{当 } n_c > n_u \\[2mm] \dfrac{-n_u}{n} & \text{当 } n_c < n_u \end{cases} \tag{4.6}$$

式中,n_c、n_u 和 n 分别为图斑 R_i 中 FCM 检测的变化、非变化的像素数目和总像素数目。设置阈值 T_m,判定图斑 R_i 的属性

$$l_i = \begin{cases} 1 & \text{当 } T < -T_m \\ 2 & \text{当 } -T_m \leqslant T \leqslant T_m \\ 3 & \text{当 } T > T_m \end{cases} \tag{4.7}$$

式中,$l_i = 1,2,3$ 分别表示图斑 R_i 的属性为非变化、不确定和变化类别。利用多数投票法,当变化像素的比例大于给定的阈值时,则将图斑归为变化类别;当非变化像素的比例大于给定的阈值时,则将图斑归为非变化类别;否则,图斑则属于不确定类别。

2)概率分析法

对于第 i 个图斑 R_i,利用 FCM 计算的像素对于变化和未变化类别的隶属度信息,计算图斑的不确定性指数

$$T = \begin{cases} \dfrac{P_c}{n} & \text{当 } P_c > P_u \\[2mm] \dfrac{-P_u}{n} & \text{当 } P_c < P_u \end{cases} \tag{4.8}$$

式中,P_c、P_u 和 n 分别为图斑 R_i 中像素属于变化、非变化的总概率和总像素数目,且 $P_c = \sum_{j=1}^{n} p_c^j$,$P_u = \sum_{j=1}^{n} p_u^j$,$p_c^j$ 和 p_u^j 分别为图斑 R_i 中第 j 个像素属于变化和未变化类的概率值。设置阈值 T_m,同样利用式(4.7)判定图斑 R_i 的属性 l_i,$l_i = 1,2$,3 分别表示图斑 R_i 的属性为非变化、不确定和变化类别。计算图斑内像素属于变化和未变化的总概率,当图斑总的变化概率大于给定的阈值时,则将图斑归为变化

类别;当图斑总的非变化概率大于给定的阈值时,则将图斑归为非变化类别;否则,图斑则被判定为不确定类别。

3)DS 证据理论

DS 证据理论最早是由 Dempster 首先提出的,由 Shafer 在 1967 年完善并形成的证据理论(韩崇昭 等,2006)。DS 证据理论融合算法是一种分析不确定的方法,引入信任函数概念,依据多种对同一问题的不准确描述和判断,形成了一套基于"证据"和"组合"的方法,通过去除不准确描述和判断中的矛盾来提取一致性信息,从而得到相对更加准确的结论。DS 证据理论用证据的方式描述不确定性,用融合算法处理不确定性,能够通过推理,从不精确信息和不完整信息中得到可能性最大的判断。

首先,设 Θ 是一个互斥的非空有限集合,由待识别对象所有可能结果的集合构成,将其定义为识别框架,并将 Θ 内所有子集组成的集合记作 2^Θ。则对于 2^Θ 中任何假设集合 A,有 $m(A)\in[0,1]$,且满足

$$m(\varnothing) = 0, \sum_{A\subset 2^\Theta} m(A) = 1 \tag{4.9}$$

式中,$\varnothing$ 为空集,m 叫作 2^Θ 上的基本概率分配函数(basic probability assignment functions,BPAF),$m(A)$ 叫作 A 的基本概率。

DS 证据理论的融合结论通常用一个区间表达对任意一个假设的支持程度,此区间的下限称为信任函数(belief function,Bel),区间的上限称为似然函数(plausibility function,Pls),则信任函数和似然函数可表示为

$$\left.\begin{aligned}\mathrm{Bel}: 2^\Theta \longrightarrow [0,1], \mathrm{Bel}(A) = \sum_{B\subset A} m(B)\\ \mathrm{Pls}: 2^\Theta \longrightarrow [0,1], \mathrm{Pls}(A) = \sum_{B\cap A\neq\varnothing} m(B)\end{aligned}\right\} \tag{4.10}$$

在证据理论中,对识别框架 Θ 中的某个假设 A,根据基本概率分配分别计算出对于该假设的信任函数 $\mathrm{Bel}(A)$ 和似然函数 $\mathrm{Pls}(A)$,并组成信任区间[$\mathrm{Bel}(A)$,$\mathrm{Pls}(A)$],用来表示对假设 A 的确认程度,它们之间的关系如图 4.13 所示。

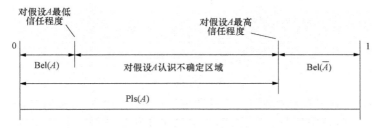

图 4.13　信任函数和似然函数间的关系

当有多种证据时,可以用 Dempster 合成规则对多个 BPAF 进行合成,其合成

公式为

$$m(c) = m_i(X) \oplus m_j(Y) = \begin{cases} 0 & \text{当 } X \cap Y = \varnothing \\ \dfrac{\sum_{X \cap Y = C, \forall X, Y \subset \Theta} m_i(X) \times m_j(Y)}{1 - \sum_{X \cap Y = \varnothing, \forall X, Y \subset \Theta} m_i(X) \times m_j(Y)} & \text{当 } X \cap Y \neq \varnothing \end{cases} \tag{4.11}$$

式中，$i,j = 1,2,\cdots,m$。式(4.11)是对两个证据进行合成的规则，当证据数量超过两个时，可利用 Dempster 合成规则的交换性和结合性进行扩展：

$$\left. \begin{aligned} m_i \oplus m_j &= m_j \oplus m_i \\ (m_i \oplus m_j) \oplus m_k &= m_i \oplus (m_j \oplus m_k) \end{aligned} \right\} \tag{4.12}$$

生成基于对象的和基于像素的两种证据 m_1 和 m_2，利用 DS 证据理论进行合成，并判定图斑属性。一方面，利用当前粗糙尺度的分割结果直接进行变化检测，即通过实现能量最小将分割的对象分为变化和非变化两部分。在此基础之上，分别计算变化和非变化两部分图斑的均值 r_c 和 r_u。对于第 i 个图斑 R_i，分别计算其对于 r_c 和 r_u 的方差 v_c^i 和 v_u^i，然后用下式计算证据 $m_1 = \{P_{1c}, P_{1u}\}$：

$$\left. \begin{aligned} P_{1c} &= \frac{v_u^i}{(v_c^i + v_u^i)} \\ P_{1u} &= \frac{v_c^i}{(v_c^i + v_u^i)} \end{aligned} \right\} \tag{4.13}$$

另一方面，对于第 i 个图斑 R_i，利用 FCM 计算的像素对于变化和未变化类别的隶属度信息，根据下式计算证据 $m_2 = \{P_{2c}, P_{2u}\}$：

$$\left. \begin{aligned} P_{2c} &= \sum_{j=1}^{n} \frac{p_c^j}{n} \\ P_{2u} &= \sum_{j=1}^{n} \frac{p_u^j}{n} \end{aligned} \right\} \tag{4.14}$$

式中，n、p_c^j 和 p_u^j 分别为图斑 R_i 中的总像素数目及其中第 j 个像素属于变化和未变化类的概率值。可利用 DS 证据理论将 m_1 和 m_2 合成为 $m = \{P_c, P_u\}$。然后设置阈值 T_m，判定图斑 R_i 的属性：

$$l_i = \begin{cases} 3 & \text{当 } P_c > T_m \\ 1 & \text{当 } P_u > T_m \\ 2 & \text{其他} \end{cases} \tag{4.15}$$

其中，$l_i = 1, 2, 3$ 分别表示图斑 R_i 的属性为非变化、不确定和变化类别。最终，利用合成后的证据，将图斑分为变化、不确定和非变化三部分。通过阈值对 DS 证据融合后的变化和未变化概率进行分析，只对变化和未变化概率进行融合，未设置特征权重参数。

4. 不确定图斑的多尺度分析

对已确定为变化和未变化图斑中的像素不再进行处理。利用更精细尺度的分割结果,重复步骤 3 中相同的方法,对不确定的图斑进行不确定性分析。

5. 生成变化检测结果

重复执行步骤 3 和步骤 4,直到不存在不确定图斑或执行到最精细的分割结果。如果最后仍然存在不确定图斑,则分别将其赋值为像素数目较多或概率值较大的类别。同样利用 4.2 节中的指标评价变化检测结果的精度。

4.3.2　实验结果与分析

为验证提出方法的有效性,分别对两种不同分辨率的数据进行实验,并与其他效果较好的变化检测方法进行比较。本实验所用程序均采用 MATLAB 编程实现。

1. 实验一

实验一所用数据与 4.2.2 节中实验一所用数据相同,并采用相同的预处理方法,生成差分影像用于变化检测。本实验中对实验数据进行了多种实验,首先采用面向对象的方法对不同分割尺度的结果进行变化检测,然后分别利用提出的多数投票法、概率分析法和 DS 证据理论方法进行基于不确定性分析的变化检测,最后与其他效果较好的变化检测方法进行比较,验证提出方法的可行性。

1)基于对象的变化检测

基于对象的变化检测是指在 SRM 分割的基础上,根据对象的灰度值,将对象分为方差最小的两部分,即变化和非变化图斑。图 4.14 为 SRM 分割中不同 Q 值生成的不同尺度的变化检测结果。从图中可以看出,当 Q 值较小时,生成较粗的分割结果,导致只能检测出面积较大或变化较明显的图斑。随着 Q 值的增大,生成更精细的变化检测图,在 $Q=128$ 时生成较好的变化检测图,而 $Q=256$ 时生成的变化检测图含有更多的漏检像素。表 4.5 为不同尺度下生成的变化检测结果精度,可以看出,当 $Q=64$ 时能够生成精度最高的变化检测结果,其总错误率和 Kappa 系数分别为 6.4% 和 0.766 8。

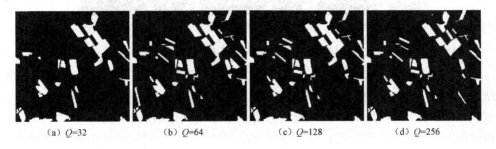

(a) $Q=32$　　　　(b) $Q=64$　　　　(c) $Q=128$　　　　(d) $Q=256$

图 4.14　不同尺度下面向对象的变化检测结果

表 4.5　不同尺度下面向对象的变化检测结果精度

Q	漏检错误		虚检错误		总错误		Kappa 系数
	像素数	P_m/%	像素数	P_f/%	像素数	P_t/%	
32	13 187	43.5	397	0.3	13 584	8.5	0.671 0
64	9 357	30.9	869	0.7	10 226	6.4	0.766 8
128	10 580	34.9	815	0.6	11 395	7.1	0.735 3
256	12 457	41.1	566	0.4	13 023	8.1	0.687 9

2)基于多数投票法进行不确定性分析的变化检测

图 4.15 为通过多数投票法对分割造成的不确定性进行分析生成的检测结果，其中黑色表示非变化、白色表示变化、灰色表示不确定是否发生变化的图斑，分割尺度控制参数 $Q=64$。可以看出，当 T_m 值为 0.6 时，判定为不确定是否变化的图斑较少，而随着阈值的增大，被判定为不确定是否变化的图斑增多。该方法旨在依据基于像素的变化检测结果，利用多数投票法对当前分割尺度的变化检测结果进行不确定性分析，对不确定是否变化的图斑采用更精细的分割结果进行后处理。

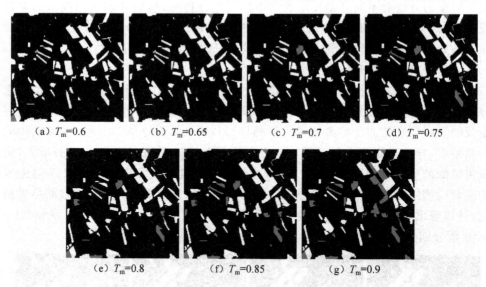

(a) T_m=0.6　　(b) T_m=0.65　　(c) T_m=0.7　　(d) T_m=0.75

(e) T_m=0.8　　(f) T_m=0.85　　(g) T_m=0.9

图 4.15　投票法不同阈值生成的不确定图斑判定结果

图 4.16 为设置不同的 T_m 值得到的变化检测结果，表 4.6 为相应的变化检测结果精度。对于不同的 T_m 值，该方法可以生成比较接近的变化检测结果，当 T_m 值为 0.6～0.7 时生成的变化检测结果精度基本相同，总错误率均为 4.0%。随着阈值的增大，生成的变化检测结果精度有所降低，当 T_m 的值为 0.75 和 0.8 时，生成结果的错误率为 4.1%，与上一阶段相比约增加 200 个像素，当 T_m 的值为 0.9

时,总错误率为 4.5%,相对增加较多。实验结果表明,该方法在一定范围内具有较好的稳定性,达到较满意的变化检测结果。

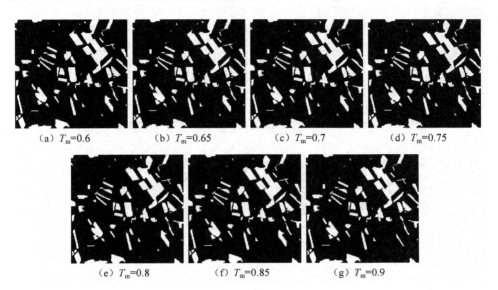

(a) $T_m=0.6$ 　　　(b) $T_m=0.65$ 　　　(c) $T_m=0.7$ 　　　(d) $T_m=0.75$

(e) $T_m=0.8$ 　　　(f) $T_m=0.85$ 　　　(g) $T_m=0.9$

图 4.16　投票法不同阈值生成的变化检测结果

表 4.6　投票法不同阈值生成的变化检测结果精度

T_m	漏检错误		虚检错误		总错误		Kappa
	像素数	$P_m/\%$	像素数	$P_f/\%$	像素数	$P_t/\%$	系数
0.6	4 632	15.3	1 779	1.4	6 411	4.0	0.864 6
0.65	4 632	15.3	1 779	1.4	6 411	4.0	0.864 6
0.7	4 653	15.4	1 774	1.4	6 427	4.0	0.864 2
0.75	4 913	16.2	1 721	1.3	6 634	4.1	0.859 3
0.8	4 919	16.2	1 715	1.3	6 634	4.1	0.859 2
0.85	4 976	16.4	1 666	1.3	6 642	4.2	0.858 9
0.9	5 538	18.3	1 632	1.8	7 170	4.5	0.846 4

3)基于概率分析法进行不确定性分析的变化检测

图 4.17 为通过概率分析法对分割造成的不确定性进行分析生成的检测结果,其中黑色表示非变化、白色表示变化、灰色表示不确定是否发生变化的图斑,分割尺度控制参数 $Q=64$。可以看出,当 T_m 值为 0.6 时,判定为不确定是否变化的图斑较少,说明多数图斑的判定概率大于 0.6,而随着阈值的增大,被判定为不确定是否变化的图斑增多。该方法旨在依据 FCM 生成的像素对于变化和非变化两类的隶属度,利用概率法对当前分割尺度的变化检测结果进行不确定性分析,对不确

定是否变化的图斑采用更精细的分割结果进行后处理。

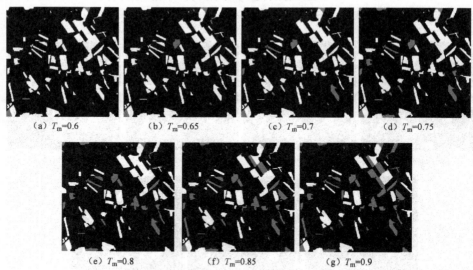

(a) T_m=0.6   (b) T_m=0.65   (c) T_m=0.7   (d) T_m=0.75

(e) T_m=0.8   (f) T_m=0.85   (g) T_m=0.9

图 4.17   概率分析法不同阈值生成的不确定图斑判定结果

图 4.18 为采用不同的 T_m 值得到的变化检测结果，表 4.7 为相应的变化检测结果精度。对于不同的 T_m 值，该方法可以生成比较接近的变化检测图，当 T_m 值为 0.6～0.75 时生成的变化检测结果精度轻微下降，总错误率由 4.0% 增长到 4.2%。随着阈值增大到 0.8～0.9 时，生成结果的错误率约为 4.5%，与上一阶段相比，相对增加较多。结果表明，该方法在一定范围内具有较好的稳定性。

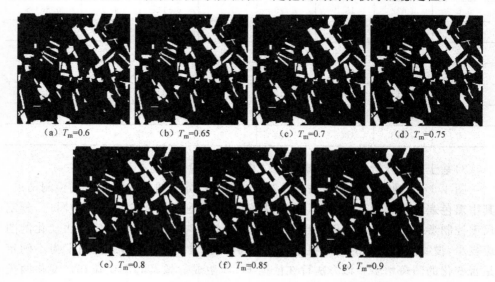

(a) T_m=0.6   (b) T_m=0.65   (c) T_m=0.7   (d) T_m=0.75

(e) T_m=0.8   (f) T_m=0.85   (g) T_m=0.9

图 4.18   概率分析法不同阈值生成的变化检测结果

表 4.7　概率分析法不同阈值生成的变化检测结果精度

T_m	漏检错误		虚检错误		总错误		Kappa 系数
	像素数	$P_m/\%$	像素数	$P_f/\%$	像素数	$P_t/\%$	
0.6	4 632	15.3	1 779	1.4	6 411	4.0	0.864 6
0.65	4 653	15.4	1 774	1.4	6 427	4.0	0.864 2
0.7	4 896	16.2	1 774	1.4	6 670	4.2	0.858 6
0.75	4 946	16.3	1 666	1.3	6 612	4.1	0.859 6
0.8	5 508	18.2	1 632	1.3	7 140	4.5	0.847 1
0.85	5 508	18.2	1 578	1.2	7 076	4.4	0.848 4
0.9	5 992	19.8	1 344	1.0	7 336	4.6	0.841 3

4)基于 DS 证据理论进行不确定性分析的变化检测

图 4.19 为通过 DS 证据理论对分割造成的不确定性进行分析生成的检测结果,其中黑色表示非变化、白色表示变化、灰色表示不确定是否发生变化的图斑,分割尺度控制参数 $Q=64$。可以看出,当 T_m 值为 0.6~0.75 时,判定为不确定是否变化的图斑均较少,在此之后,随着阈值的增大,被判定为不确定是否变化的图斑增多。利用 DS 证据理论将实验 1)中基于对象的变化检测结果与 FCM 计算得到的像素的隶属度信息进行合成,对当前分割尺度的变化检测结果进行不确定性分析。

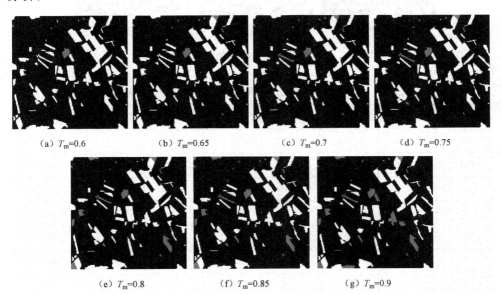

（a）$T_m=0.6$　　　（b）$T_m=0.65$　　　（c）$T_m=0.7$　　　（d）$T_m=0.75$

（e）$T_m=0.8$　　　（f）$T_m=0.85$　　　（g）$T_m=0.9$

图 4.19　DS 证据方法不同阈值生成的不确定图斑判定结果

图 4.20 为采用不同的 T_m 值得到的变化检测结果，表 4.8 为相应的变化检测结果精度。对于不同的 T_m 值，该方法生成的变化检测图基本相同，且与地面参考数据相比均比较接近。当 T_m 值为 $0.6 \sim 0.75$ 时，生成的变化检测结果精度相同，总错误率均为 4.0%，当 T_m 值为 0.6 或 0.9 时，生成的变化检测结果精度轻微下降，总错误率为 4.2%。结果表明，该方法对不同的阈值 T_m，具有较强的稳定性，通常能够生成高精度的变化检测结果。

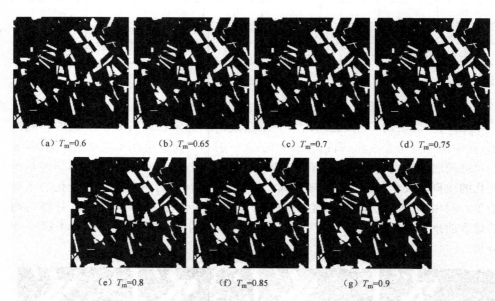

(a) $T_m=0.6$ (b) $T_m=0.65$ (c) $T_m=0.7$ (d) $T_m=0.75$

(e) $T_m=0.8$ (f) $T_m=0.85$ (g) $T_m=0.9$

图 4.20   DS 证据理论方法不同阈值生成的变化检测结果

表 4.8   DS 证据理论方法不同阈值生成的变化检测结果精度

T_m	漏检错误		虚检错误		总错误		Kappa 系数
	像素数	P_m/%	像素数	P_f/%	像素数	P_t/%	
0.6	4 896	16.2	1 735	1.3	6 631	4.2	0.859 4
0.65	4 632	15.3	1 779	1.4	6 411	4.0	0.864 6
0.7	4 632	15.3	1 779	1.4	6 411	4.0	0.864 6
0.75	4 632	15.3	1 779	1.4	6 411	4.0	0.864 6
0.8	4 653	15.4	1 774	1.4	6 427	4.0	0.864 2
0.85	4 653	15.4	1 774	1.4	6 427	4.0	0.864 2
0.9	4 896	16.2	1 774	1.4	6 670	4.2	0.858 6

5)不同方法生成的变化检测结果比较

为验证提出方法的可行性,实验中还采用效果较好的 DRLSE、CV、MLSK 和 EMAC 等方法处理数据,并进行对比,如图 4.21 所示。其中 CV、MLSK 和 EMAC 等方法均设置 $\mu=0.1$。从图中可以看出,DRLSE、MLSK 和 EMAC 方法能够生成与地面参考数据比较相近的变化检测图,但是图中还存在一定量的虚检错误,DRLSE 和 MLSK 方法检测的变化区域中含有少量的漏检测错误,EMAC 方法则相对较好。CV 方法生成的变化检测图与地面参考数据相比,含有较多的虚检错误,如图 4.21(b)所示。OBCD 方法生成的变化检测结果含有较少的虚检像素,但是漏检像素过多。图 4.21(f)~(h)为本节提出的三种方法生成的变化检测结果,其中 T_m 的值均设为 0.65,可以看出,三种变化检测图均与地面参考数据非常接近。

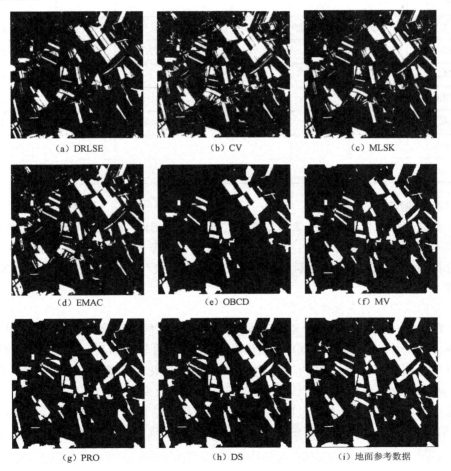

图 4.21　不同方法生成的变化检测结果

表 4.9 为不同方法生成的变化检测结果精度。从表中可以看出,与传统的基于像素的方法相比,面向对象的方法可以提高变化检测的精度。本节提出的方法生成的变化检测结果精度相同,错误率均为 4.0%,Kappa 系数均为 0.864 6,与简单的面向对象的方法相比可降低总错误率 2.4%,与传统的基于像素的变化检测方法相比可至少降低总错误率 3.3%。此外,基于 DS 证据理论分割不确定性分析的变化检测方法对于不同的阈值 T_m 具有最高的稳定性,基于多数投票法和概率分析方法的变化检测结果在一定范围内对于阈值 T_m 是稳定的。

表 4.9　不同变化检测方法生成的变化检测结果精度

方法	漏检错误		虚检错误		总错误		Kappa 系数
	像素数	$P_m/\%$	像素数	$P_f/\%$	像素数	$P_t/\%$	
DRLSE	9 149	30.2	4 021	3.1	13 440	8.4	0.713 3
CV	6 302	20.8	9 858	7.6	16 160	10.1	0.685 2
MLSK	7 483	24.7	5 059	3.9	12 542	7.8	0.736 6
EMAC	7 604	25.1	4 151	3.2	11 755	7.3	0.749 8
OBCD	9 357	30.9	869	0.7	10 226	6.4	0.766 8
MV	4 632	15.3	1 779	1.4	6 411	4.0	0.864 6
PRO	4 632	15.3	1 779	1.4	6 411	4.0	0.864 6
DS	4 632	15.3	1 779	1.4	6 411	4.0	0.864 6

2. 实验二

实验二所用数据与 4.2.2 节中实验二所用数据相同,采用相同的预处理方法,生成差分影像用于变化检测。本实验由简单面向对象方法及基于多数投票法、概率分析和 DS 证据理论的分割不确定性变化检测方法与其他方法的变化检测实验组成。

1)面向对象的变化检测

图 4.22 为基于 SRM 分割中不同 Q 值生成的不同尺度分割结果的变化检测结果。从图中可以看出,当 Q 值较小时,生成较粗的分割结果,导致只能检测出部分变化图斑。随着 Q 值的增大,生成更精细的变化检测图,在 Q 的值为 64 或 128 时生成较好的变化检测图,当 $Q=256$ 时生成的变化检测图反而含有更多的漏检像素。表 4.10 为不同尺度下生成的变化检测结果精度。从表可以看出,当 $Q=64$ 时能够生成精度最高的变化检测结果,其总错误率和 Kappa 系数分别为 9.4% 和 0.579 7。

表 4.10　不同尺度下面向对象的变化检测结果精度

Q	漏检错误		虚检错误		总错误		Kappa 系数
	像素数	P_m/%	像素数	P_f/%	像素数	P_t/%	
32	23 929	68.0	1 705	0.8	25 634	10.6	0.422 6
64	15 503	44.1	7 362	3.5	22 865	9.4	0.579 7
128	13 552	38.5	10 941	5.3	24 493	10.1	0.580 1
256	30 054	85.4	1 487	0.7	31 541	13.0	0.209 4

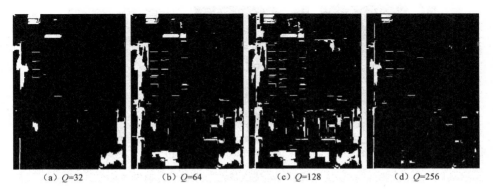

(a) Q=32　　　　(b) Q=64　　　　(c) Q=128　　　　(d) Q=256

图 4.22　不同尺度下面向对象的变化检测结果

2)基于多数投票法进行不确定性分析的变化检测

图 4.23 为通过多数投票法对分割造成的不确定性进行分析生成的检测结果，其中黑色表示非变化、白色表示变化、灰色表示不确定是否发生变化的图斑，分割尺度控制参数 Q=64。从图中可以看出，当 T_m 值为 0.6～0.75 时，判定为不确定是否变化的图斑较少，且基本不变，随着阈值的增大，被判定为不确定是否变化的图斑增多。当 T_m 的值为 0.9 时，出现大片的不确定是否发生变化的图斑，说明阈值设置过大。

图 4.24 为设置不同的 T_m 值得到的变化检测结果，表 4.11 为相应的变化检测结果精度。当 T_m 的值为 0.6～0.85 时，该方法可以生成比较接近的变化检测结果，而 T_m 的值为 0.9 时生成的变化检测图中含有较多的虚检错误。当 T_m 的值为 0.6～0.75 时，生成的变化检测结果精度基本相同，总错误率均为 9.2%，且随着阈值的增大，生成的变化检测结果精度提高，当 T_m 的值为 0.85 时，生成的变化检测结果精度最高，总错误率为 7.5%，当 T_m 的值为 0.9 时，总错误率为 9.0%。实验结果表明，对高分辨率影像进行变化检测时，阈值设置相对较高时才能取得高精度的变化检测结果。

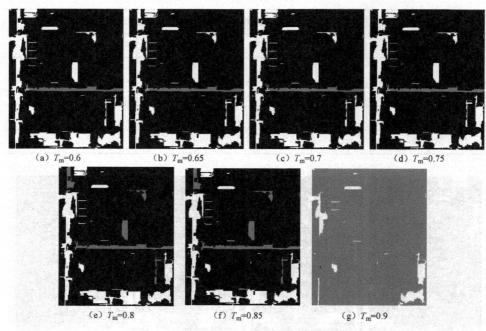

图 4.23　投票法不同阈值生成的不确定图斑判定结果

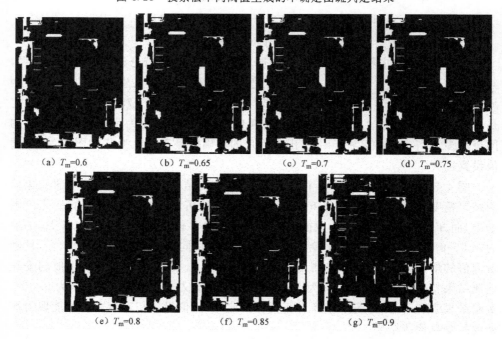

图 4.24　投票法不同阈值生成的变化检测结果

表 4.11　投票法不同阈值生成的变化检测结果精度

T_m	漏检错误		虚检错误		总错误		Kappa 系数
	像素数	P_m/%	像素数	P_f/%	像素数	P_t/%	
0.6	12 345	35.1	9 950	4.8	22 295	9.2	0.618 8
0.65	12 345	35.1	9 950	4.8	22 295	9.2	0.618 8
0.7	12 345	35.1	9 950	4.8	22 295	9.2	0.618 8
0.75	12 345	35.1	9 950	4.8	22 295	9.2	0.618 8
0.8	12 382	35.2	8 247	4.0	20 629	8.5	0.639 7
0.85	12 991	36.9	5 339	2.6	18 330	7.5	0.665 2
0.9	12 479	35.5	9 285	4.5	21 764	9.0	0.624 2

3)基于概率分析法进行不确定性分析的变化检测

图 4.25 为通过概率分析法对分割造成的不确定性进行分析生成的检测结果，其中黑色表示非变化、白色表示变化、灰色表示不确定是否发生变化的图斑，分割尺度控制参数 $Q=64$。可以看出，当 T_m 值为 0.6～0.75 时，判定为不确定是否变化的图斑较少，且基本不变，随着阈值的增大，被判定为不确定是否变化的图斑增多。当 T_m 的值为 0.9 时，出现大片的不确定是否发生变化的图斑，说明阈值设置过大。

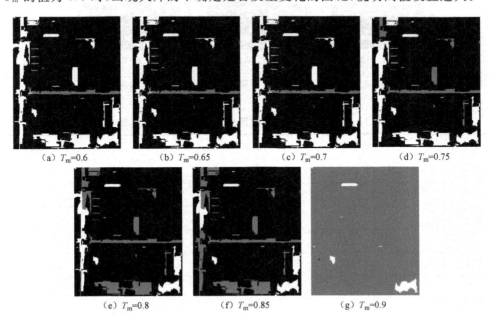

　(a) T_m=0.6　　　　　(b) T_m=0.65　　　　　(c) T_m=0.7　　　　　(d) T_m=0.75

　(e) T_m=0.8　　　　　(f) T_m=0.85　　　　　(g) T_m=0.9

图 4.25　概率分析法不同阈值生成的不确定图斑判定结果

　　图 4.26 为设置不同的 T_m 值得到的变化检测结果,表 4.12 为相应的变化检测结果精度。T_m 的值为 0.9 时,生成的变化检测图含有较多的虚检错误,此外,对于不同的 T_m 值,该方法可以生成比较接近的变化检测图,当 T_m 值为 0.65～0.75 时生成的变化检测结果精度相同,总错误率为 8.5%。随着阈值增大,生成的变化检测结果精度提高,T_m 的值为 0.85 时达到最高,总错误率为 7.5%。

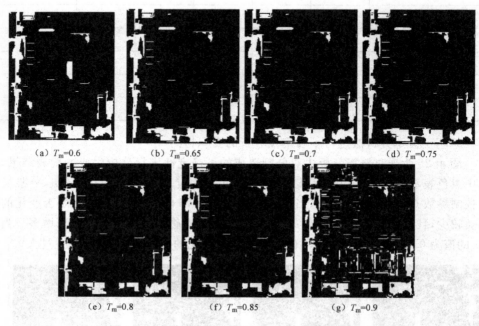

(a) T_m=0.6　　　　　(b) T_m=0.65　　　　　(c) T_m=0.7　　　　　(d) T_m=0.75

(e) T_m=0.8　　　　　(f) T_m=0.85　　　　　(g) T_m=0.9

图 4.26　概率分析法不同阈值生成的变化检测结果

表 4.12　概率分析法不同阈值生成的变化检测结果精度

T_m	漏检错误		虚检错误		总错误		Kappa 系数
	像素数	P_m/%	像素数	P_f/%	像素数	P_t/%	
0.6	12 345	35.1	9 950	4.8	22 295	9.2	0.618 8
0.65	12 345	35.1	8 247	4.0	20 592	8.5	0.640 5
0.7	12 345	35.1	8 247	4.0	20 592	8.5	0.640 5
0.75	12 382	35.2	8 247	4.0	20 629	8.5	0.639 7
0.8	13 281	37.7	5 314	2.6	18 595	7.7	0.659 0
0.85	13 484	38.3	4 713	2.3	18 197	7.5	0.662 7
0.9	12 189	34.6	15 342	7.4	27 531	11.3	0.559 0

4）基于 DS 证据理论进行不确定性分析的变化检测

图 4.27 为通过 DS 证据理论对分割造成的不确定性进行分析生成的变化检测结果，分割尺度控制参数 $Q=64$。从图中可以看出，当 T_m 的值为 0.6 时，判定为不确定是否变化的图斑均较少，随着阈值的增大，当 T_m 值为 $0.6 \sim 0.75$ 时，被判定为不确定是否变化的图斑基本相同。当 T_m 的值为 0.9 时，不能确定是否变化的图斑有所增加。

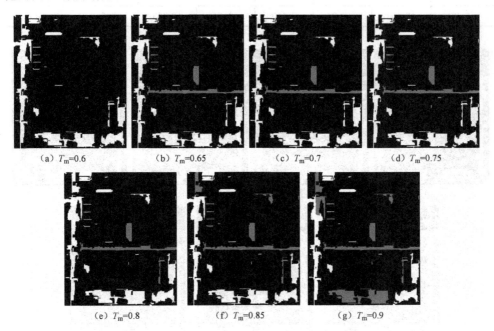

(a) T_m=0.6　　　(b) T_m=0.65　　　(c) T_m=0.7　　　(d) T_m=0.75

(e) T_m=0.8　　　(f) T_m=0.85　　　(g) T_m=0.9

图 4.27　DS 证据方法不同阈值生成的不确定图斑判定结果

图 4.28 为不同的 T_m 值得到的变化检测结果，表 4.13 为相应的变化检测结果精度。当 T_m 值为 $0.6 \sim 0.85$ 时，生成的变化检测图比较接近，检测结果精度相同，总错误率约为 8.5%，当 T_m 值为 0.9 时，生成的变化检测结果精度最高，其总错误率为 4.2%。结果表明，该方法虽然具有一定的稳定性，但在处理高分辨率影像时，需要设置较高的阈值才能生成最高精度的变化检测结果。

表 4.13　DS 证据理论方法不同阈值生成的变化检测结果精度

T_m	漏检错误		虚检错误		总错误		Kappa 系数
	像素数	P_m/%	像素数	P_f/%	像素数	P_t/%	
0.6	12 345	35.1	8 046	3.9	20 391	8.4	0.673 1
0.65	12 345	35.1	8 247	4.0	20 592	8.5	0.640 5
0.7	12 345	35.1	8 247	4.0	20 592	8.5	0.640 5

续表

T_m	漏检错误		虚检错误		总错误		Kappa 系数
	像素数	$P_m/\%$	像素数	$P_f/\%$	像素数	$P_t/\%$	
0.75	12 345	35.1	8 247	4.0	20 592	8.5	0.640 5
0.8	12 345	35.1	8 247	4.0	20 592	8.5	0.640 5
0.85	12 345	35.1	8 247	4.0	20 592	8.5	0.640 5
0.9	12 954	36.8	5 339	2.6	18 293	7.5	0.666 0

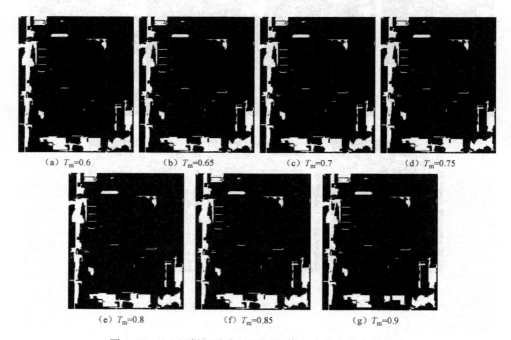

(a) T_m=0.6　　　(b) T_m=0.65　　　(c) T_m=0.7　　　(d) T_m=0.75

(e) T_m=0.8　　　(f) T_m=0.85　　　(g) T_m=0.9

图 4.28　DS 证据理论方法不同阈值生成的变化检测结果

5)不同方法生成的变化检测结果比较

图 4.29 为采用 DRLSE、CV、MLSK、EMAC 和 OBCD 等方法与本节提出的方法生成的变化检测结果,其中在 CV 和 MLSK 方法中设置 μ=3.5,EMAC 方法中 μ=1。从图中可以看出,DRLSE、CV、MLSK 和 EMAC 等方法生成的变化检测图中,因受建筑物阴影、拍摄季节和辐射变化等因素的影响,均含有较多的虚检错误。OBCD 方法生成变化检测结果含有较少的虚检像素,但是漏检像素过多。采用本节提出的三种方法进行变化检测时,分别设置阈值为 0.85、0.85 和 0.9,生成的变化检测结果如图 4.29(f)~(h)所示。从图中可以看出,三种方法均能检测出主要变化,且变化检测图均与地面参考数据非常接近。

表 4.14 为不同方法生成的变化检测结果精度。从表中可以看出,与传统的基

于像素的方法相比,面向对象的方法均可以提高变化检测的精度。本节提出的方法生成的变化检测结果精度相同,总错误率均为 7.5%,但 DS 方法生成的结果与参考数据具有最好的一致性,Kappa 系数均为 0.666 0,与简单的面向对象的方法相比可降低总错误率 1.9%,与传统的基于像素的变化检测方法相比,可至少降低总错误率 3.4%。此外,对高分辨率影像进行变化检测时,要获得高精度的变化检测结果,需要设置较高的阈值 T_m。

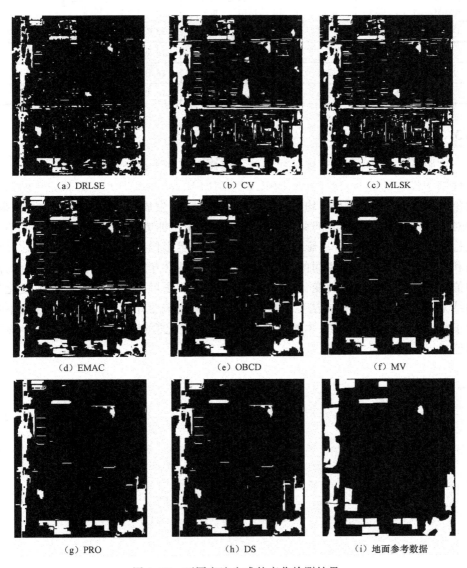

　(a) DRLSE　　　　　　　(b) CV　　　　　　　(c) MLSK

　(d) EMAC　　　　　　　(e) OBCD　　　　　　　(f) MV

　(g) PRO　　　　　　　(h) DS　　　　　(i) 地面参考数据

图 4.29　不同方法生成的变化检测结果

表 4.14 不同变化检测方法生成的变化检测结果精度

方法	漏检错误		虚检错误		总错误		Kappa 系数
	像素数	P_m/%	像素数	P_f/%	像素数	P_t/%	
DRLSE	17 700	50.3	7 480	3.6	25 180	10.3	0.525 5
CV	9 747	27.7	21 401	10.3	31 148	12.8	0.545 0
MLSK	12 035	34.2	16 830	8.1	28 913	11.9	0.546 1
EMAC	12 633	35.9	13 921	6.7	26 554	10.9	0.564 3
OBCD	15 503	44.1	7 362	3.5	22 865	9.4	0.579 7
MV	13 131	37.3	5 170	3.7	18 301	7.5	0.664 4
PRO	13 624	38.7	4 544	2.2	18 168	7.5	0.661 9
DS	12 954	36.8	5 339	2.6	18 293	7.5	0.666 0

4.3.3 结　论

实验结果表明：①本节提出的基于对象尺度不确定性分析的变化检测方法，与其他基于像素的效果较好的 DRLSE、CV、MLSK 和 EMAC 等方法和简单的面向对象的变化检测方法相比，均能提高变化检测精度，生成较满意的变化检测结果；②对于本节提出的三种减弱分割不确定性的变化检测方法，要得到最高精度的变化检测结果，对于高分辨率影像需要设置比中分辨影像更高的阈值 T_m，多数投票法和概率分析法可设置相同的阈值，而 DS 证据理论方法中则需要设置相对高的阈值才能得到最高精度的变化检测结果；③三种方法可以生成精度相同的变化检测结果，但 DS 证据理论方法更加稳定，受阈值的影响更小。本节提出方法的不足在于需要设置适当的阈值，才能得到最高精度的变化检测结果，如何更合理地设置阈值是下一步的研究重点。

第5章　融合多特征的遥感影像变化检测

　　传统的遥感影像变化检测方法主要根据地物光谱信息变化情况,通过确定合适的阈值判定其是否发生变化。由于受卫星传感器自身的限制和地物与地形复杂性的影响,遥感影像中存在大量的同物异谱和同谱异物现象,导致仅利用光谱信息的变化检测存在大量的漏检和虚检像素,降低了变化检测结果的可靠性。遥感影像除提供了光谱信息之外,还蕴含丰富的纹理和边缘等空间信息,可以反映地物空间关系,弥补光谱信息中由同物异谱和同谱异物引起漏检和虚检的不足,提高变化检测结果的可靠性。此外,不同尺度的遥感影像反映信息的侧重点不同,细尺度的影像可以反映细节的变化,但会存在较多的噪声,而粗尺度的影像可以反映主要变化,但会损失变化细节。

　　本章提出一种在特征级融合多种遥感影像特征(光谱、纹理和边缘特征)进行地表覆盖变化检测的方法,通过综合各特征的优势,增强空间信息准确性,降低漏检和虚检的错误,提高变化检测结果可靠性。首先,利用变化矢量分析方法计算两时相遥感影像的差分影像,并利用 FCM 方法计算影像变化概率作为光谱特征;其次,引入遥感影像处理中常用的灰度共生矩阵(gray-level co-occurrence matrix, GLCM)纹理、Gabor 纹理和高斯马尔可夫随机场(Gaussian Markov random field, GMRF)纹理,计算两时相影像各纹理特征的结构相似度作为最终的纹理特征;再次,利用 Canny 算子提取两时相影像的边缘,从而提出边缘密度匹配指数,通过计算两时相影像边缘的匹配程度,作为边缘特征;在此基础上,利用小波变换对光谱、纹理和边缘特征进行分解,得到粗尺度特征,并用 DS 证据理论分别对原始特征和分解特征进行融合得到初步变化检测结果图;最终利用优势融合策略对两幅初步变化检测结果图进行融合,得到最终的变化检测结果图。通过两个实验验证了不同纹理特征、边缘匹配指数及融合不同特征对变化检测结果的影响。

5.1　遥感影像多特征提取

5.1.1　遥感影像光谱特征提取

　　任何物体本身都具有发射、吸收和反射电磁波的能力,相同的物体具有相同的电磁波谱,不同的物体具有相异的电磁波谱,这是遥感的基本出发点。两时相影像中地物变化最直接的反应是地物反射波谱特征的变化,传统的遥感影像变化检测正是利用两时相影像的光谱特征差异进行变化检测。本节首先利用变化矢量分析方法生成差分影像,然后引入 FCM 对差分影像进行模糊聚类,将像素对于未变化类别的隶属度作为光谱特征。

FCM 聚类算法采用各个样本与所在类均值的差值平方和最小准则,通过迭代和更新隶属度矩阵 U 和聚类中心 V,使目标函数 J 达到最小,实现最优聚类,目标函数为

$$J(U,V) = \sum_{i=1}^{N} \sum_{k=1}^{c} (u_{ik})^q \parallel x_i - v_k \parallel^2 \tag{5.1}$$

式中,$U = \{u_{ik}\}$ 为满足式(5.1)的隶属度矩阵,$V = \{v_1, v_2, \cdots, v_c\}$ 表示聚类中心点集,$q \in [1, +\infty)$ 为加权指数,用来控制聚类结果的模糊程度,具体内容可参考本书 3.1 节。

利用 FCM 对差分影像进行模糊聚类,可以得到差分影像中各像素属于未变化和变化类别的概率,将像素属于未变化类别的概率作为光谱特征用于变化检测。

5.1.2　遥感影像边缘特征提取

不同地物之间一般会存在颜色、灰度等不连续的地方,在遥感影像中表现为逐渐变化或突变的部分,也就是地物的边缘。由于两时相遥感的获取时间、大气条件、太阳光照和土壤温度等条件的不同,使得两时相影像之间存在灰度和对比度的差异,因此利用两时相影像进行变化检测前,需先进行辐射校正。边缘信息可以直接反映地物整体是否发生变化,不受灰度和对比度差异的影响。本节提出一种边缘密度匹配指数,通过两时相影像局部区域内边缘的匹配程度描述地物的变化情况。

1. 边缘提取

传统的边缘检测方法主要利用微分运算从影像的高频分量中检测和提取边缘信息。许多一阶微分边缘检测算子已被提出用来检测和提取边缘,具代表性的有 Sobel 算子、Roberts 算子、Prewitt 算子和 Kirch 算子等(李弼程 等,2004)。Canny 算法(Canny,1986)是基于最优化理论的边缘检测方法,具有检测精度高、计算量小和信噪比大的优点,被广泛应用,故本节采用 Canny 算法提取两时相影像的边缘。

对 t_1 时相影像,提取波段 b 的边缘 E_1^b 为

$$\left. \begin{array}{ll} E_1^b(i,j) = 1 & \text{当}(i,j) \text{为边缘时} \\ E_1^b(i,j) = 0 & \text{当}(i,j) \text{不为边缘时} \end{array} \right\} \tag{5.2}$$

通过对提取各波段的边缘进行求和运算,得到 t_1 时相影像的边缘信息

$$E_1(i,j) = \sum_{b=1}^{L} E_1^b(i,j) \tag{5.3}$$

式中,L 为影像的波段数。同理,利用 Canny 算子对 t_2 时相影像的各波段提取边缘,分别利用式(5.2)和式(5.3)计算其边缘信息 E_2。

2. 计算边缘密度匹配指数

在分别提取两时相影像的边缘信息 E_1 和 E_2 后,由于边缘变化只能直接反映影像中地物的边缘像素的变化,不能反映地物的整体变化,本文提出一种边缘密度匹配指数描述地物的详细变化情况。具体步骤如下。

(1)自适应确定中心像素邻域。

对中心像素 (i,j) 划分四个象限,如图 5.1 所示,搜索中心像素邻域的四个象限内是否存在边缘,当四个象限内都存在边缘像素时,停止搜索并确定当前窗口为自适应窗口计算边缘匹配指数。分象限确定自适应窗口有如下优点:分别考虑中心像素四个方向的像素变化,并且确保四个象限内都有边缘像素,在一定程度上保证了提取变化地物内部变化信息的准确性;自适应地选择中心像素邻域窗口大小,提高边缘特征的准确性。

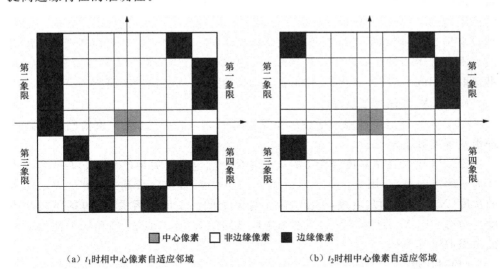

（a）t_1 时相中心像素自适应邻域　　　　　　（b）t_2 时相中心像素自适应邻域

图 5.1　中心像素邻域

(2)计算边缘密度匹配指数。

首先,分别统计 t_1 和 t_2 时相遥感中心像素 (i,j) 邻域四个象限内边缘像素的数目 s_{1k} 和 $s_{2k}(k=1,2,3,4)$,位于坐标轴上的边缘像素统计到较小的象限内。然后,计算每个象限内边缘像素数目的变化率 $r_k(i,j) = (s_{1k} - s_{2k})/s_{0k}$,其中 $s_{0k} = \max(s_{1k}, s_{2k})$;若 $s_{0k} = 0$,则 $r_k(i,j) = 0$。最后,统计四个象限内 r_i 的范围,根据式(5.4)得到最后的边缘密度匹配指数 $r(i,j) \in [0,1]$。

$$r(i,j) = \begin{cases} \max(r_k(i,j)) & \text{当 } r_0(i,j) = 4 \\ \text{ave}(r_k(i,j)) & \text{当 } r_0(i,j) = 3 \\ \min(r_k(i,j)) & \text{当 } r_0(i,j) = 2 \\ 0 & \text{当 } r_0(i,j) < 2 \end{cases} \tag{5.4}$$

式中，$r_0(i,j)$ 为四个象限变化率大于 0.5 的数目，$\max(\cdot)$ 表示求最大值函数，$\text{ave}(\cdot)$ 表示求平均值函数，$\min(\cdot)$ 表示求最小值函数。最终计算得到的边缘密度匹配指数矩阵 $\boldsymbol{R} = \{r(i,j) \mid 1 \leqslant i \leqslant m, 1 \leqslant j \leqslant n\}$，作为最终的边缘特征用于变化检测，其中 m 和 n 分别为影像的行列数。

5.1.3　遥感影像纹理特征提取和选择

遥感影像除提供丰富的光谱信息外，还提供了大量的纹理信息。纹理信息是包括地形、地貌、水文、植被等自然要素的内部特征在遥感影像中的反映，是对影像的像素灰度级在空间上的分布模型的描述，反映影像中地物的质地。虽然遥感的出发点是不同的地物具有不同的光谱特征，但由于自然界中地物的复杂性，导致遥感影像中存在同物异谱和同谱异物的现象，而纹理特征在一定程度上会起到积极的作用，辅助地物的变化检测。尤其是随着对地观测技术的发展，遥感影像的分辨率越来越高，地物的空间关系和内部结构更加清晰，纹理信息对地物判别的作用更加突出。常用的纹理提取方法包括统计分析方法、结构分析方法和频谱分析法，本书选取常用的 GLCM、Gabor 纹理和 GMRF 用于地物变化检测研究。

1. CLCM 纹理特征提取

CLCM 纹理是一种用来描述影像纹理特征的重要方法，能比较精确地描述纹理粗糙程度和重复方向。

CLCM 定义是从灰度级为 i 的点离开某个固定位置关系 $d = (Dx, Dy)$ 达到灰度为 j 的点的概率，用 $P_d(i,j)$ $(i, j = 0, 1, 2, \cdots, N-1)$ 表示，其中 i 和 j 表示像素的灰度，N 为影像的灰度级，d 表示两个像素之间的空间位置关系，包括距离和角度。考虑 CLCM 的计算量很大，本书选取常用的对比度、能量、熵和相关性四个特征来提取纹理特征。

（1）对比度。

$$\text{CON} = \sum_{i=0}^{N-1} \sum_{j=0}^{N-1} (i-j)^2 P_d(i,j) \tag{5.5}$$

对比度能够有效地反映影像的清晰和反差程度，提取和增强地物边缘等线形信息。

（2）能量。

$$\text{Energy} = \sum_{i=0}^{N-1} \sum_{j=0}^{N-1} P(i,j)^2 \tag{5.6}$$

能量反映了纹理的粗细程度与影像灰度分布的均匀程度。

（3）熵。

$$\text{ENT} = -\sum_{i=0}^{N-1}\sum_{j=0}^{N-1} P_d(i,j)\log P_d(i,j) \tag{5.7}$$

熵可以衡量影像包含的信息量，它反映了影像中灰度分布的复杂程度，分布越复杂，熵的值越大。

（4）相关性。

$$\text{COR} = \frac{\sum_{i=0}^{N-1}\sum_{j=0}^{N-1} ij P_d(i,j) - \mu_1\mu_2}{\sigma_1^2\sigma_2^2} \tag{5.8}$$

式中，μ_1、μ_2、σ_1^2 和 σ_2^2 的定义为

$$\left. \begin{aligned} \mu_1 &= \sum_{i=0}^{N-1} i \sum_{j=0}^{N-1} P_d(i,j) \\ \mu_2 &= \sum_{j=0}^{N-1} j \sum_{i=0}^{N-1} P_d(i,j) \\ \sigma_1^2 &= \sum_{i=0}^{N-1} (i-\mu_1)^2 \sum_{j=0}^{N-1} P_d(i,j) \\ \sigma_2^2 &= \sum_{j=0}^{N-1} (j-\mu_2)^2 \sum_{i=0}^{N-1} P_d(i,j) \end{aligned} \right\} \tag{5.9}$$

相关性反映了 CLCM 中行或列元素之间的相似程度，越相似相关性越大，反之相关性则越小。

采用不同大小的窗口，分别在 $0°$、$45°$、$90°$ 和 $135°$ 方向上提取影像中每个像素的上述四个纹理特征，并计算四个方向的均值作为像素的纹理特征。

2. Gabor 小波纹理特征提取

Gabor 小波主要针对傅里叶变换无法对时域和频域同时分析的不足，在高斯函数的基础上提出的短时傅里叶变换。Daugman（1985）提出了二维 Gabor 滤波器，能较好地提取影像细节纹理特征。二维的 Gabor 滤波器具有可调的方向、频带宽度和中心频率，可在空间域和频率域实现最佳的分辨率效果（Daugman，1988）。Gabor 滤波器与人们的认知系统是一致的，能获得频率域和空间域的局部最优化，实现对空间域和频率域的最好表达，对影像的纹理信息能够进行充分的表达。本书中利用 Gabor 小波提取遥感影像的纹理特征，用于变化检测。

运用 Gabor 小波变换来提取纹理特征，首先要构造二维的 Gabor 函数

$$g(x,y) = \left(\frac{1}{2\pi\sigma_x\sigma_y}\right)\exp\left[-\frac{1}{2}\left(\frac{x^2}{\sigma_x^2}+\frac{y^2}{\sigma_y^2}\right)+2\pi\mathrm{j}\omega x\right] \tag{5.10}$$

式中，ω 是高斯函数的复制频率，$\mathrm{j}=\sqrt{-1}$，σ_x 和 σ_y 分别是 Gabor 小波基函数沿 x

轴和 y 轴方向的方差。则 $g(x,y)$ 的傅里叶变换 $G(u,v)$ 为

$$G(u,v) = \exp\left[-\frac{1}{2}\left(\frac{(u-\omega)^2}{\sigma_u^2} + \frac{v^2}{\sigma_v^2}\right)\right] \tag{5.11}$$

式中，$\sigma_u = \frac{1}{2}\pi\sigma_x$，$\sigma_v = \frac{1}{2}\pi\sigma_y$。

将 $g(x,y)$ 视为母小波函数，在尺度和旋转方面进行适当的变换，可以得到一系列相应的 Gabor 滤波器，即 Gabor 小波

$$g_{m,n}(x,y) = a^{-m}g(x',y') \quad a>1, m,n, \in \mathbf{Z} \tag{5.12}$$

式中，$x' = a^{-m}(x\cos\theta + y\sin\theta)$，$y' = a^{-m}(-x\sin\theta + y\cos\theta)$，$\theta = \frac{n\pi}{K}$，$K$ 表示总的方向数，$n \in [0,K]$，m 和 n 分别代表尺度数目和方向的个数，a^{-m} 为尺度因子。根据傅里叶变换的线性特性可得

$$\left.\begin{array}{l} u' = u\cos\theta + v\sin\theta \\ v' = -v\sin\theta + v\cos\theta \end{array}\right\} \tag{5.13}$$

通过改变 m 值和 n 值，可以得到一系列尺度和方向都不同的 Gabor 小波滤波器。

给定一幅影像 $I(x,y)$，它的 Gabor 小波变换可表示为

$$W_{mn}(x,y) = \iint I(x,y)g_{mn}^*(x-x_1,y-y_1)\mathrm{d}x_1\mathrm{d}y_1 \tag{5.14}$$

式中，$*$ 表示取共轭复数。假设局部纹理区域具有一致性，则相应的小波变换系数的均值 u_{mn} 和标准方差 σ_{mn} 可以作为区域分类检索和分类的指标，定义为

$$u_{mn} = \iint |w_{mn}(x,y)|\,\mathrm{d}x\mathrm{d}y \tag{5.15}$$

$$\sigma_{mn} = \sqrt{\iint (|w_{mn}(x,y) - u_{mn}|)^2\mathrm{d}x\mathrm{d}y} \tag{5.16}$$

由 u_{mn} 和 σ_{mn} 作为分量，频率尺度总数为 m，方向数为 n，可以得到由均值和方差构成的纹理特征向量为

$$T = (u_{00}, \sigma_{00}, u_{01}, \sigma_{01}, \cdots, u_{(m-1,n-1)}, \sigma_{(m-1,n-1)}) \tag{5.17}$$

T 特征向量 Gabor 小波纹理特征可用于遥感影像变化检测。

3. GMRF 纹理特征提取

GMRF 模型是线性模型，表示一个平稳自回归过程，它的协方差矩阵正定，邻域系统对称，并且对称的邻域参数相等（Panjwani et al,1995），在影像研究领域应用非常广泛。本书利用 GMRF 提取遥感影像的纹理特征，并用于变化检测。

用 GMRF 模型表达影像的纹理，可以理解为影像中某一点 s 的灰度值 $y(s)$ 是 s 邻域内像素值的函数，可用条件概率形式表示为

$$p(y(s) \mid \text{all} \quad y(s+r), r \in N) \tag{5.18}$$

式中，N 为以 s 为中心但不包括 s 本身的对称邻域，GMRF 模型阶数与邻域的关系

如图 5.2 所示。

对于一阶 GMRF 模型

$$N = \{(0,-1),(0,1),(-1,0),(1,0)\}$$

$$P(y_{ij} \mid N) = P\left(y_{ij} \left| \begin{array}{ccc} & y_{i-1,j} & \\ y_{i,j-1} & y_{i,j} & y_{i,j+1} \\ & y_{i+1,j} & \end{array} \right.\right) \tag{5.19}$$

对于二阶 GMRF 模型

$$N = \{(0,-1),(0,1),(-1,0),(1,0),(1,0),(1,-1),(-1,1),(-1,-1),(1,1)\}$$

$$P(y_{ij} \mid N) = P\left(y_{ij} \left| \begin{array}{ccc} y_{i-1,j-1} & y_{i-1,j} & y_{i-1,j+1} \\ y_{i,j-1} & y_{i,j} & y_{i,j+1} \\ y_{i+1,j} & y_{i+1,j} & y_{i+1,j+1} \end{array} \right.\right) \tag{5.20}$$

设 S 为 $M \times M$ 格网上的点集，$S = \{(i,j),1 \leqslant i,$ $j \leqslant M\}$，如果给定的纹理 $[y(s),s \in S,S = \{(i,j),1 \leqslant i,$ $j \leqslant M\}]$ 是零均值的高斯随机过程，则 GMRF 模型可以用包含多个未知参数的线性方程表示为

$$y(s) = \sum_{r \in N_S} \theta_r [y_1(s+r) + y(s-r)] + e(s) \tag{5.21}$$

式中，N_S 为点 s 的 GMRF 邻域，θ_r 为系数，$e(s)$ 是平均值为零的高斯噪音序列。

因为 N 是对称的，$\theta_r = \theta_{-r}$，式(5.21)可改写为

$$y(s) = \sum_{r \in N_S} \theta_r [y_1(s+r)] + e(s) \tag{5.22}$$

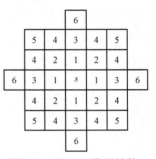

图 5.2　GMRF 模型结构
（数字代表相应于
像素 s 位置的阶数）

式中，$y_1(s+r)$ 为封闭区域 S 中的点，当 $s = (i,j)$，$r = (k,l)$ 时满足

$$y_1(s+r) = \begin{cases} y_1(s+r) & \text{当 } s+r \in S \\ y[(i+k-1)\bmod(M+1),(j+l-1)\bmod(M+1)] & \text{当 } s+r \notin S \end{cases} \tag{5.23}$$

对 S 中的每一个点用式(5.23)进行运算，则可以得到 M^2 个关于 $\{e(s)\}$ 和 $\{y(s)\}$ 的方程组

$$y(1,1) = \sum_{r \in N_S} \theta_r y_1((1,1)+r) + e(1,1)$$

$$y(1,2) = \sum_{r \in N_S} \theta_r y_1((1,2)+r) + e(1,2)$$

$$\vdots$$

$$y(1,M) = \sum_{r \in N_S} \theta_r y_1((1,M)+r) + e(1,M)$$

$$\vdots$$

$$y(M,1) = \sum_{r \in N_s} \theta_r y_1((M,1) + r) + e(M,1)$$

$$\vdots$$

$$y(M,M) = \sum_{r \in N_s} \theta_r y_1((M,M) + r) + e(M,M)$$

以矩阵的形式表示 $y_1(s+r)$ 所构成的方程为

$$\boldsymbol{y} = \boldsymbol{Q}^{\mathrm{T}}\boldsymbol{\theta} + \boldsymbol{e} \tag{5.24}$$

式(5.24)为 GMRF 的线性模型，$\boldsymbol{\theta}$ 为模型的待估计特征向量。

对于线性自回归的 GMRF 模型，当阶数较低时，不能充分表达影像的纹理特征，影响变化检测结果；当阶数较高时，尽管对影像特征纹理的描述能力提高，但是相对于低阶时需要更大的计算量。因此本书采用二阶 GMRF 模型进行参数估计，则

$$\boldsymbol{Q}_s = [y_{s+r_1} + y_{s-r_1} \quad \cdots \quad y_{s+r_4} + y_{s+r_4}]^{\mathrm{T}} \tag{5.25}$$

邻域 $N = \{r_1, r_2, r_3, r_4\} = \{(0,1), (1,0), (1,1), (1,-1)\}$，式(5.24)中的 $\boldsymbol{\theta}$ 为四维向量 $\boldsymbol{\theta} = [\theta_1 \quad \theta_2 \quad \theta_3 \quad \theta_4]^{\mathrm{T}}$。其中，$\boldsymbol{\theta} = \{\theta_r, r \in N_s\}$ 为系数向量，利用最小平方误差准则估计求解式(5.24)，可得

$$\hat{\theta} = \left(\sum_{s \in S_1} \boldsymbol{Q}_s \boldsymbol{Q}_s^{\mathrm{T}}\right)^{-1} \left(\sum_{s \in S_1} \boldsymbol{Q}_s \boldsymbol{y}_s\right) \tag{5.26}$$

$$\hat{\sigma} = \frac{1}{N^2} \sum_{s \in S_1} (\boldsymbol{y}_s - \hat{\theta}^2 \boldsymbol{Q}_s)^2 \tag{5.27}$$

$$\mu = \frac{1}{N} \sum_{s \in S_1} \boldsymbol{y}_s \tag{5.28}$$

式中，$\hat{\theta}$ 是对 MRF 模型参数的渐近一致性估计，$\hat{\sigma}$ 是参数估计的平方误差。当窗口 S_1 足够大时，估计的参数受窗口大小影响不大，因此估计的参数可以反映模型的特征。最终，$\hat{\theta}$、$\hat{\sigma}$ 和 μ 共六个特征参数反映了遥感影像的纹理特征，并用于变化检测。

4. 纹理特征结构相似度计算

结构相似度(structural similarity, SSIM)最早由 Wang 等(2004)提出，应用于影像质量评价，它通过构造结构相似度，可以较准确地评价两幅影像的相似程度。向量 $\boldsymbol{X}$ 和向量 $\boldsymbol{Y}$ 的结构相似度 SSIM$(\boldsymbol{X}, \boldsymbol{Y})$ 定义如下：

$$\mathrm{SSIM}(\boldsymbol{X}, \boldsymbol{Y}) = [l(\boldsymbol{X}, \boldsymbol{Y})]^\alpha \cdot [c(\boldsymbol{X}, \boldsymbol{Y})]^\beta \cdot [s(\boldsymbol{X}, \boldsymbol{Y})]^\gamma \tag{5.29}$$

式中，

$$\left.\begin{array}{l} l(\boldsymbol{X}, \boldsymbol{Y}) = \dfrac{2\mu_{\boldsymbol{X}}\mu_{\boldsymbol{Y}} + C_1}{\mu_{\boldsymbol{X}}^2 + \mu_{\boldsymbol{Y}}^2 + C_1} \\[3mm] c(\boldsymbol{X}, \boldsymbol{Y}) = \dfrac{2\sigma_{\boldsymbol{X}}\sigma_{\boldsymbol{Y}} + C_2}{\sigma_{\boldsymbol{X}}^2 \sigma_{\boldsymbol{Y}}^2 + C_2} \\[3mm] s(\boldsymbol{X}, \boldsymbol{Y}) = \dfrac{\sigma_{\boldsymbol{XY}} + C_3}{\sigma_{\boldsymbol{X}}\sigma_{\boldsymbol{Y}} + C_3} \end{array}\right\} \tag{5.30}$$

μ_X、μ_Y、σ_X、σ_Y、σ_X^2、σ_Y^2、σ_{XY} 分别是向量 X 和 Y 的均值、标准差方差和协方差，α、β、γ 表示 3 个分量的权重，C_1、C_2、C_3 均为常数，可防止分母接近零时产生不稳定现象。当 $\alpha=\beta=\gamma=1$、$C_3=\dfrac{C_2}{2}$ 时，式(5.29)可简化为

$$\text{SSIM}(X,Y) = \frac{(2\mu_X\mu_Y + C_1)(2\sigma_{XY} + C_2)}{(\mu_X^2 + \mu_Y^2 + C_1)(\sigma_X^2 + \sigma_Y^2 + C_2)} \tag{5.31}$$

结构相似度满足以下条件：①$0 \leqslant |\text{SSIM}(X,Y)| \leqslant 1$，两向量越相似，SSIM 值越接近 1，反之则越接近 0；②$\text{SSIM}(X,Y) = \text{SSIM}(Y,X)$；③当且仅当 $X=Y$ 时，$\text{SSIM}(X,Y)=1$。因此，利用结构相似度来计算两时相影像的纹理特征相似度，并作为证据用于变化检测。

5. 纹理特征自适应选择

纹理特征虽然能够在一定程度能与光谱特征互补，增强对同物异谱和同谱异物地物的检测，但不适当的纹理特征反而会造成负面影响，降低变化检测结果的可靠性。本章采取一种纹理特征的自适应选择方法，从不同窗口和不同尺度中提取最合适的纹理用于变化检测。

利用 FCM 模型计算的差分影像中变化和未变化类别的中心灰度值，生成自动选择样本

$$\left.\begin{aligned} S_1 &= \{x(i,j) \mid x(i,j) < v_1 - \alpha_1(v_1 - \min(X))\} \\ S_2 &= \{x(i,j) \mid x(i,j) > v_2 + \alpha_2(\max(X) - v_2)\} \end{aligned}\right\} \tag{5.32}$$

式中，S_1、S_2 分别表示变化和未变化样本集，v_1、v_2 分别表示变化和未变化类别中心灰度值，α_1、α_2 是常数调节样本数量，$\min(X)$ 和 $\max(X)$ 分别表示计算差分影像 X 中的最小值和最大值。利用选择样本 S_1 和 S_2，通过比对各种纹理特征结构相似度中对应像素属于相应类别概率大于 0.5 的数目，选择匹配数目最多的纹理特征作为最适应的纹理特征，用于变化检测。

5.2　遥感影像特征小波分解

小波变换是通过一个母函数在时间上的平移和在尺度上的伸缩，获得一种能自适应各种频率成分的有效信号分析手段，以取代短时傅里叶变换，它包括连续小波变换、小波级数展开和离散小波变换(霍宏涛 等，2004)。离散小波变换能对影像进行多分辨率存储，更有利于深入理解影像的空间域和时间域的有关特性，更好地描述影像的非平稳特性(汤迎春，2012)。

小波变换是一种可以把数据分割成不同频率成分的函数或算子，然后研究每一分辨率下的成分，它能把输入信号分解为一系列由小波基组成的序列。通过对基本小波的伸缩和平移生成函数，即

$$\psi_{a,b}(x) = |a|^{-\frac{1}{2}}\psi\left(\frac{x-b}{a}\right) \quad a,b \in \mathbf{R}, a \neq 0 \tag{5.33}$$

式中，$\psi(x)$ 为基本小波（母小波），a 是伸缩因子（尺度参数），b 是平移因子。

对任意函数 $f(t) \in L^2(R)$，它的小波变换是指将其按式（5.33）展开，其表达式为

$$WT_f(a,b) = |a|^{-\frac{1}{2}}\int f(t)\overline{\psi\left(\frac{t-b}{a}\right)}\mathrm{d}t \tag{5.34}$$

其重构公式为

$$f(t) = \frac{1}{C_\psi}\int\frac{\mathrm{d}a}{a^2}\int WT_f(a,b)\psi\left(\frac{t-b}{a}\right)\mathrm{d}b \tag{5.35}$$

式中，$C_\psi = \int_0^{+\infty}|\psi(\omega)^2|/\omega\mathrm{d}\omega < +\infty$，即满足小波函数的容许条件。

在实际应用中，只有将信号 $f(t)$ 离散化为离散时间序列之后，才能利用计算机分析和处理。为使离散后的函数组能覆盖整个 a、b 所表示的平面，令 $a = a_0^{-j}$，$b = nb_0 a_0^{-k}$，其中 $j,k \in \mathbf{Z}$，且 $a_0 > 1, b_0 > 0$ 是固定值，则离散小波函数可表示为

$$\psi_{j,k}(t) = |a|^{-\frac{1}{2}}\psi\left(\frac{t-b}{a}\right) = a_0^{\frac{j}{2}}\psi(a_0^j t - kb_0) \tag{5.36}$$

离散小波变换的定义为

$$WT_f(j,k) = \int f(t)\overline{\psi}_{j,k}(t)\mathrm{d}t \tag{5.37}$$

则离散小波变换的重构公式可表示为

$$f(t) = C\sum_{-\infty}^{+\infty}\sum_{-\infty}^{+\infty}WT_f(j,k)\psi_{j,k}(t) \tag{5.38}$$

式中，C 是一个常数，并与信号无关。特别地，当 $a_0 = 2$、$b_0 = 1$ 时，则称为二进离散小波变换，小波函数表示为

$$\psi_{j,k} = 2^{\frac{j}{2}}\psi(2^j t - k) \tag{5.39}$$

Mallat 于 1989 年提出了小波快速分解算法，后来被称作 Mallat 算法，该算法是建立在多分辨率分析的基础上，通过小波滤波器 l_k、h_k 和 L_k、H_k 对信号进行分解和重构，是执行离散小波变换的有效方法。假设 $V_k^2(k \in \mathbf{Z})$ 是空间 $L^2(R)$ 的一个可分离的正交多分辨率分析，对每一个 $k \in \mathbf{Z}$ 来讲，尺度函数 $\phi(x)$ 构成 $L^2(R)$ 中新的规范下次基，小波函数 $\psi(x)$ 也构成 $L^2(R)$ 中新的正交基（Pajares et al，2004）。$X(i,j) \in V_k^2$ 对于二维影像 V_k^2，$L^2(R)$ 空间的每个 $X(i,j)$ 都会处于某个尺度的空间中，即 $X_N = \mathrm{Project}_{V_N}X(i,j)$，式中 V_N 可视为"抽样空间"，X_N 是 $X(i,j)$ 在 V_N 上的"数据"：

$$X_{k,ll} = X_{k+1,ll} + X_{k+1,lh} + X_{k+1,hl} + X_{k+1,hh} \tag{5.40}$$

式中，

$$X_{k+1,ll} = \sum X_{k+1,ll}(i,j)\phi(2^{k+1}i-n,2^{k+1}j-m)$$
$$X_{k+1,t} = \sum X_{k+1,t}\psi(2^{k+1}i-n,2^{k+1}j-m) \quad t\in(ln,hl,hl,hh)$$

$$\left.\right\}(5.41)$$

用 l_k、h_k 和 L_k、H_k 分别表示影像共轭低通滤波器和高通滤波器作用于阵列 $X_{k,ll}(i,j)$ $(i,j\in\mathbf{Z})$ 的行和列，图 5.3 为 Mallat 算法分解和重构的实现过程。

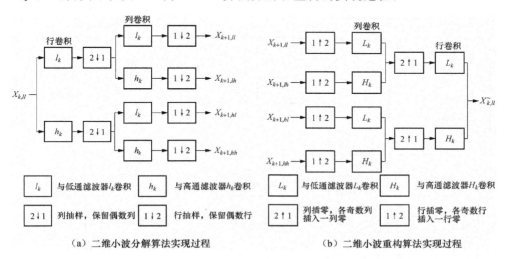

（a）二维小波分解算法实现过程　　　　（b）二维小波重构算法实现过程

图 5.3　二维小波分解与重构的实现过程

从图 5.3(a)可以看出，二维影像的离散小波分解先按行和列与一维的低通 l_k 滤波器和高通 h_k 滤波器进行卷积滤波，然后降采样到原始影像的一半，可得到由行列和高、低滤波器组合的 4 个分量。图 5.3(b)是小波分解影像的重构过程，它先对分解得到的 4 个分量进行隔行或隔列插零处理，然后分别与一维的低通 L_k 滤波器和高通 H_k 滤波卷积，再逐层按此类推，最终重构出原始影像。

如图 5.4 所示为三级离散小波影像分解。从图中可以看出，每个尺度的小波分解都包含原始影像的三个高通滤波结果和一个低通滤波结果，其中 H_1^s、H_2^s、$H_3^s(S=1,2,3)$ 为分解尺度 S 上水平、垂直与对角方向的高通分量，描述影像的细节部分，L 表示影像的低通分量，是对影像的近似描述且集中了其原始影像的主要能量，可做进一步分解。利用小波变换对影像的特征进行多尺度分解，并将不同尺度的低通滤波结果用于变化检测。

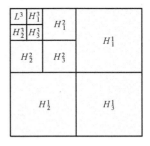

图 5.4　影像三级
小波分解

5.3　融合光谱、边缘和纹理的遥感影像变化检测方法

融合光谱、边缘和纹理特征的遥感影像变化检测方法流程如图 5.5 所示,具体方法和步骤如下。

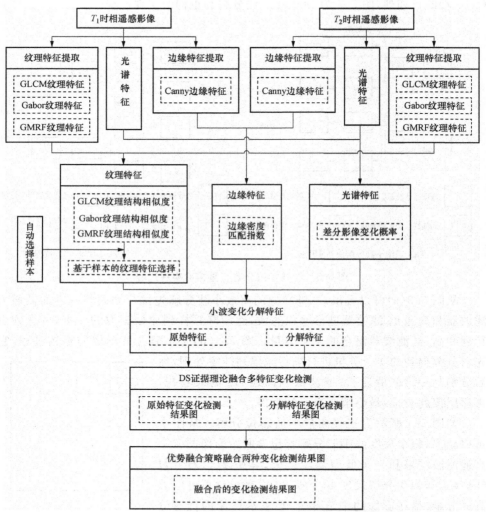

图 5.5　融合光谱、边缘和纹理的遥感影像变化检测流程

5.3.1　光谱特征提取

利用主成分分析方法对两时相的遥感影像进行处理,生成差分影像,并利用 FCM 模型对差分影像进行变化和未变化两类别的模糊聚类,从而得到每个像素属

于两类别的隶属度和两类别的中心灰度值,将各像素属于未变化类别的隶属度作为光谱特征,其取值范围为 $[0,1]$,用于 DS 证据理论融合进行变化检测。

5.3.2　边缘特征提取

首先采用 Canny 算子对影像的各波段提取边缘,将各波段的边缘检测结果相加作为影像的最终边缘。利用提出的边缘密度匹配指数对两时相影像的边缘特征进行计算,得到两时相影像的边缘密度匹配指数用作边缘特征,其取值范围为 $[0,1]$,用于 DS 证据理论融合多特征的变化检测。

5.3.3　纹理特征提取和选择

1. GLCM 纹理提取

选取影像的适当波段分别在 3×3 至 19×19 窗口下分别计算 $0°$、$45°$、$90°$ 和 $135°$ 4 个方向上的 4 个纹理特征值,做归一化处理后,计算 4 个方向的平均值,作为该窗口上的 GLCM 纹理特征(张华,2012)。

2. Gabor 纹理提取

Gabor 纹理提取中,选择宽度为 5、尺度为 3、方向为 6 构建 18 个 Gabor 滤波器,分别进行了滤波,获得 18 个特征值,构成影像的 Gabor 纹理特征。

3. GMRF 纹理提取

GMRF 纹理提取中,选取 3×3 窗口,采用二阶 GMRF 模型进行参数估计,得到其渐近一致估计 $\hat{\theta}$(每个像素具有四个值)、像素所在邻域窗口内的平均值 μ 和方差 $\hat{\sigma}$ 共六个特征,构成了影像的 GMRF 纹理特征。

4. 计算两时相纹理特征的结构相似度

计算结果用于评价两时相影像纹理特征的相似程度,其中 $C_1 = 0.3$,$C_2 = 0.9$。取两时相影像 GLCM、Gabor 和 GMRF 纹理结构相似度的绝对值作为最终的纹理特征,其取值为 $[0,1]$,用于 DS 证据理论融合进行变化检测。

5. 纹理特征自适应选择

利用光谱特征提取中 FCM 模型对差分影像模糊聚类生成的变化和未变化类别的中心灰度值,利用式(5.32)计算生成选择样本,分别用于三种纹理特征的最优特征的选择,选择后 GLCM、Gabor 和 GMRF 均只一个最优特征。

5.3.4　遥感影像特征小波分解

选取 Haar 小波基,分解尺度设置为 3,利用小波变换分别对光谱、边缘和纹理三种特征进行分解,可以得到各尺度上的低通分量 L^S 和三个高通分量 H_1^S、H_2^S、$H_3^S (S=1,2,3)$,S 为分解尺度。对第 3 尺度的低通分量影像进行重采样,使其与原始特征大小相同,并与原始特征作为两种不同尺度的特征用于变化检测过程。

5.3.5 DS证据理论融合多特征变化检测

首先根据纹理特征值,获得基本概率分配函数

$$\left.\begin{array}{l} m_i(Y) = (1-f)(1-\alpha) \\ m_i(N) = f(1-\alpha) \\ m_i(Y,N) = \alpha \end{array}\right\} \qquad (5.42)$$

式中,Y表示变化事件,N表示未变化事件,$m_i(Y)$、$m_i(N)$、$m_i(Y,N)$分别表示变化、未变化和不确定的概率,i表示特征数,f为特征影像值,α为特征权重输入参数,实验中设置$\alpha=0.3$。

然后,利用DS证据融合规则分别对原始特征和分解的第3尺度特征进行融合,得到不同尺度下的综合支持力度即变化和未变化的概率,详细的DS证据理论融合方法请参考4.3.1节。得到融合后的概率分布$m(Y)$、$m(N)$、$m(Y,N)$,针对$m(Y)$、$m(N)$设置阈值T_1、T_2,当$m(Y)>T_1$且$m(N)<T_2$时,判定像素变化,得到不同尺度下的初步变化检测结果。最终利用提出的优势融合策略对原始尺度和分解尺度的变化检测结果进行融合,得到最终的变化检测结果。

5.4 实验结果与分析

本节所有算法都在MATLAB下编程实现,将提取的光谱、边缘和纹理特征组合作为DS证据融合理论的证据输入,实现变化检测。

5.4.1 实验一

1. 研究数据

实验一所用数据为天津某地区SPOT 5影像数据,t_1时相影像的获取时间为2008年4月,t_2时相影像的获取时间为2009年2月。分别对两幅影像进行全色与多光谱波段的影像融合,并将融合后的影像进行配准处理,最终获得t_1和t_2时相空间分辨率为2.5m的三波段多光谱影像数据,如图5.6所示。本实验中从影像选取其中一块大小为445像素×546像素的影像作为研究对象,验证提出的融合多特征的变化检测方法的有效性。通过比较两时期影像,利用目视解译方法获得两时相影像间变化的地面参考数据,用于定量评价变化检测结果,如图5.6(c)所示。

2. 变化检测结果分析

按5.3节中介绍的多特征融合变化检测方法流程,进行两时相影像的特征提取。提取的光谱纹理特征如图5.7(a)所示,光谱纹理特征描述了像素属于未变化类别的概率,概率越大,在图中显示越亮,反之则显示越暗。同时根据FCM模型对差分影像的模糊聚类结果,生成纹理特征选择样本,如图5.7(b)所示,其中变化

（a）t_1时相遥感影像　　　　　　（b）t_2时相遥感影像　　　　　　（c）地面参考数据

图 5.6　实验一所用影像与参考数据

和未变化类别的中心灰度值分别为 136 和 47，$\alpha_1=\alpha_2=0.5$。

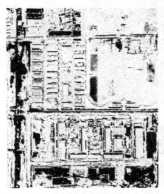 

变化样本

未变化样本

（a）变化概率图　　　　　　　　　（b）纹理特征选择样本

图 5.7　两时相影像的光谱特征影像及纹理特征选择样本

　　边缘特征如图 5.8 所示，其中图 5.8（a）、（b）分别为两时相影像的边缘信息，可以看出由于不同波段提取的边缘不同，导致最终的边缘强度略有不同。图 5.8（c）是根据两时相边缘信息计算的边缘密度匹配指数，从图中可以看出，本书提出的边缘密度匹配指数能够描述出边缘信息反映出的变化情况。

　　GLCM 在 3×3 窗口下的纹理特征如图 5.9 所示，分别计算了两时相影像的对比度、熵、能量和相关性等特征及相应的各种特征的结构相似度。本实验中分别选取 3×3 到 15×15 窗口计算 GLCM 纹理特征，然后利用选择样本自动选择最佳特征作为最终的 GLCM 纹理特征。实验中，经过选择，以 3×3 窗口下的对比度结构相似度特征作为最终的 GLCM 纹理特征。

　　图 5.10 为 3×3 窗口下提取的六种 GMRF 纹理特征及其结构相似度，图 5.11 为提取的 Gabor 纹理特征及结构相似度（width＝5，scale＝2，direction＝2）。本实

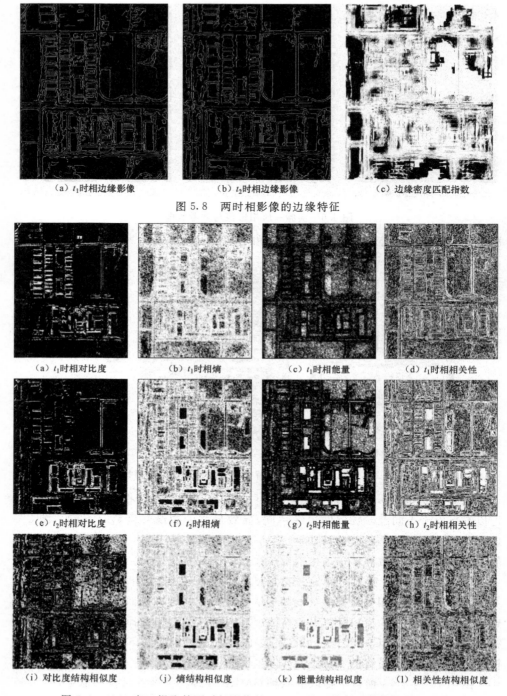

（a）t_1 时相边缘影像　　　　　　（b）t_2 时相边缘影像　　　　　　（c）边缘密度匹配指数

图 5.8　两时相影像的边缘特征

（a）t_1 时相对比度　　　（b）t_1 时相熵　　　（c）t_1 时相能量　　　（d）t_1 时相相关性

（e）t_2 时相对比度　　　（f）t_2 时相熵　　　（g）t_2 时相能量　　　（h）t_2 时相相关性

（i）对比度结构相似度　　　（j）熵结构相似度　　　（k）能量结构相似度　　　（l）相关性结构相似度

图 5.9　3×3 窗口提取的两时相影像的 GLCM 纹理特征及其结构相似影像

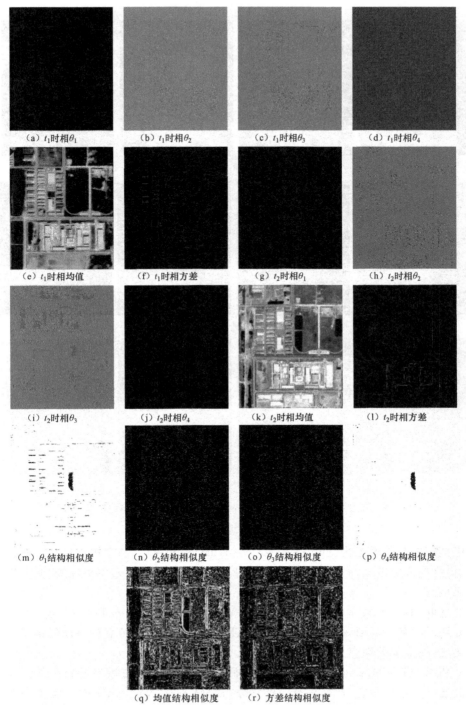

(a) t_1 时相 θ_1 (b) t_1 时相 θ_2 (c) t_1 时相 θ_3 (d) t_1 时相 θ_4

(e) t_1 时相均值   (f) t_1 时相方差   (g) t_2 时相 θ_1 (h) t_2 时相 θ_2

(i) t_2 时相 θ_3 (j) t_2 时相 θ_4 (k) t_2 时相均值   (l) t_2 时相方差

(m) θ_1 结构相似度   (n) θ_2 结构相似度   (o) θ_3 结构相似度   (p) θ_4 结构相似度

(q) 均值结构相似度   (r) 方差结构相似度

图 5.10 两时相影像的 GMRF 纹理特征及其结构相似影像

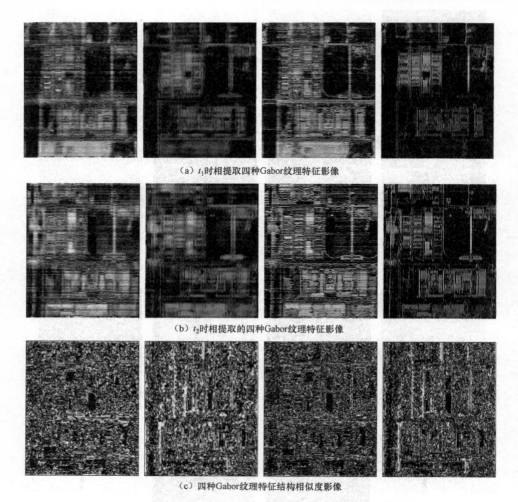

（a）t_1时相提取四种Gabor纹理特征影像

（b）t_2时相提取的四种Gabor纹理特征影像

（c）四种Gabor纹理特征结构相似度影像

图 5.11　两时相影像的 Gabor 纹理特征及其结构相似影像
（width＝5,scale＝2,direction＝2）

验中使用的参数设置为 width＝5,scale＝3,direction＝6。利用样本自适应选择方法,最终选择的各纹理特征样本如图 5.12 所示,并将其作为最终的纹理特征,用于变化检测。

选取 Haar 小波基,分解尺度设置为3,利用小波变换对特征进行分解,图 5.13 为分解后的各特征第 3 尺度低通特征,从图中可以看出,分解后的特征保留了主要变化,去除了部分噪声。

利用 DS 证据理论分别对影像的各种原始特征和小波分解后各特征的第 3 尺度低通分量进行融合,计算融合的概率分布 $m(Y)$、$m(N)$、$m(Y,N)$。实验中选取不同的特征进行组合,如光谱和 GLCM 特征、光谱和 Gabor 特征、光谱和 GMRF

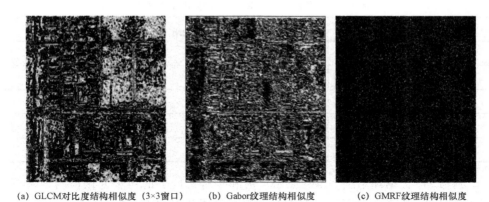

(a) GLCM对比度结构相似度（3×3窗口）　　(b) Gabor纹理结构相似度　　　(c) GMRF纹理结构相似度

图 5.12　通过样本点选择的 GLCM、Gabor 和 GMRF 纹理特征

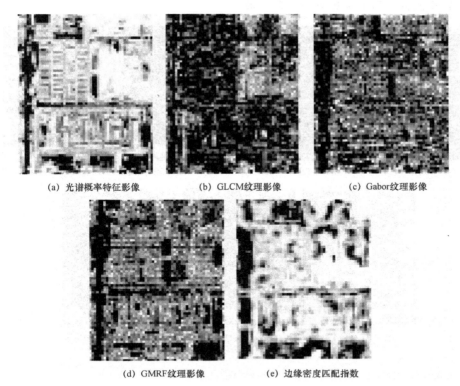

(a) 光谱概率特征影像　　　　　　(b) GLCM纹理影像　　　　　　(c) Gabor纹理影像

(d) GMRF纹理影像　　　　　　(e) 边缘密度匹配指数

图 5.13　小波分解的两时相影像的第 3 尺度光谱、纹理和边缘低通特征

特征、光谱和边缘特征及光谱、Gabor 和边缘特征，针对不同的特征组合，设置不同的阈值 T_1、T_2 判定像素是否发生变化，如表 5.1 所示。

表 5.1　融合多特征变化检测方法中的参数设置

融合方法	T_1	T_2
光谱＋GLCM	0.5	0.7
光谱＋Gabor	0.5	0.8
光谱＋GMRF	0.6	0.8
光谱＋边缘	0.3	0.7
光谱＋Gabor＋边缘	0.5	0.8

通过 DS 证据理论融合得到原始尺度和分解尺度下的初步变化检测结果,再利用优势融合策略对两种尺度下的变化检测结果进行融合,结果如图 5.14 所示。图 5.14(a)为仅利用光谱信息进行 FCM 聚类的结果,图 5.14(b)为仅利用光谱特征进行小波分解后的优势策略融合结果。

　(a) 传统光谱结果　　　(b) 光谱特征尺度融合结果　(c) 光谱与 GLCM 融合结果　　(d) 光谱与 Gabor 融合结果

　(e) 光谱与 GMRF 融合结果　　(f) 光谱与边缘密度匹配　　(g) 光谱、GMRF 及边缘
　　　　　　　　　　　　　　　　　指数融合结果　　　　　　密度匹配指数融合结果

图 5.14　特征融合的变化检测结果

从变化检测结果看,利用光谱特征进行不同尺度信息融合的结果比传统的光谱结果好,而加入多特征融合的结果比上述两种方法效果都好。图 5.14(a)中水体变为草地和辐射差异引起的伪变化现象比较严重,原因是水体与草地的光谱特性很相似,仅用光谱来区分很难达到好的变化检测结果,必须加入边缘和纹理信息等特征。

从图 5.14(b)可以看出,利用尺度特征融合的结果可以去除大量面积较小的虚检变化,如建筑物的阴影等。表 5.2 为传统光谱方法和不同特征融合的变化检测结果精度。与传统光谱方法相比,融合光谱尺度特征的方法在保证漏检像素基本不变的情况下,减少了 12 387 个虚检像素,使虚检率降低了 5.96%,总错误减少 12 131 个像素,降低了 4.99%,Kappa 系数提高了 0.108 6。加入边缘或纹理特征后,都能有效去除由于辐射差异带来的伪变化,原因是:①它们单独对每时相影像提取边缘或纹理特征,然后计算边缘或纹理特征的结构相似度,避免直接利用像素灰度值进行特征提取,在很大程度上降低了辐射差异的影响;②它们本身的特性可以从空间关系和纹理结构等方面反映出光谱信息无法区别的地物。光谱特征与其他不同的特征融合对提高检出率和降低虚检率的作用也不同,在光谱和 GLCM、Gabor、GMRF、边缘等特征融合的结果中,光谱与 Gabor 纹理融合的变化检测结果精度最高。与光谱尺度特征融合的方法相比,它保持漏检像素数目基本不变,使虚检像素减少了7 755个,相应百分比为 3.73%,使总的错误像素数目减少了 7 843 个,降低总错误率为 3.23%,使 Kappa 系数提高了 0.089 7。光谱与边缘特征融合得到的最高的Kappa 系数 0.653 1,同时也保证了较低的错误率 9.45%,在视觉上与光谱和Gabor融合的结果基本一致,是相对较理想的结果。这是因为边缘特征通过两时相影像的边缘构造边缘密度匹配指数,能够通过边缘信息描述细节的变化。光谱特征、GMRF 纹理特征和边缘特征融合的变化检测结果精度与光谱和边缘特征融合的结果精度相似,但总错误率增加了 0.18%,Kappa 系数降低了 0.2,原因可能是不同特征之间也存在一定的矛盾,经 DS 证据理论融合后反而降低了检测的精度。这说明变化检测结果并不与融合特征的多少呈简单正相关,验证了本章提出的用样本自适应选取最佳特征的重要性。经过比较,光谱特征与 Gabor 纹理特征融合、光谱特征与边缘特征融合和光谱特征与 Gabor 纹理特征、边缘特征融合取得的相对满意的变化检测结果,既能保证较低的错误率,又能提供相对均衡的漏检和虚检错误。

表 5.2　融合多特征的变化检测结果精度

融合方法	漏检错误		虚检错误		总错误		Kappa 系数
	像素数	P_m/%	像素数	P_f/%	像素数	P_t/%	
传统光谱	10 764	30.59	30 854	14.85	41 618	17.13	0.441 0
光谱融合	11 020	31.32	18 467	8.89	29 487	12.14	0.549 6
光谱＋GLCM	11 111	31.58	14 000	6.74	25 111	10.34	0.596 5
光谱＋Gabor	10 941	31.09	10 712	5.16	21 653	8.91	0.639 3
光谱＋GMRF	9 970	28.33	14 848	7.15	24 818	10.21	0.610 1
光谱＋边缘	7 273	20.67	15 687	7.55	22 960	9.45	0.653 1
光谱＋Gabor＋边缘	9 174	26.07	14 227	6.85	23 401	9.63	0.633 1

从实际应用角度,利用计算机自动生成的变化检测结果由于精度等问题不能直接应用,需要辅助一定的人工编辑。从图 5.14 可以看出,多特征融合的方法能够保证变化区域基本都能被检测,虽然检测到的变化区与实际变化不完全相同,但可以提示该地区发生变化,由人工辅助进一步处理。同时可以看出,虚检的图斑并不多,尤其是光谱与 Gabor 纹理特征融合、光谱与边缘特征融合和三者的融合结果。这是因为一方面纹理或边缘特征均可以检测光谱特征无法区别是否变化的地物,而且多尺度特征融合可以有效地去除虚检变化。

5.4.2 实验二

1. 研究数据

实验二所用数据为武汉某地区的 QuickBird 多光谱影像数据,t_1 时相影像的获取时间为 2009 年 7 月,t_2 时相影像的获取时间为 2014 年 10 月。两幅影像均经过一系列的纠正、重采样、配准等处理后,最终获得 t_1 和 t_2 时相具有空间分辨率 2.4m 的 RGB 多光谱影像数据,如图 5.15 所示。本实验中从影像选取其中一块大小为 500 像素×500 像素的影像作为研究对象,验证所提出的融合多特征的变化检测方法。通过目视解译的方法获取研究区域两时相影像的地面变化参考数据,用于定量评价变化检测结果,如图 5.15(c)所示。

(a) t_1 时相遥感影像   (b) t_2 时相遥感影像   (c) 地面参考数据

图 5.15 实验二所用影像与参考数据

2. 变化检测结果分析

按本章提出的多特征融合变化检测方法流程,进行两时相影像的特征提取。提取的光谱纹理特征如图 5.16(a)所示,光谱纹理特征描述了像素属于未变化类别的概率,未变化类别概率越大,在图中显示越亮。利用 FCM 模型对差分影像的模糊聚类产生的变化类别和未变化类别的中心值,生成纹理特征选择样本,如图 5.16(b)所示,其中变化和未变化类别的中心灰度值分别为 63 和 14,$\alpha_1 = \alpha_2 = 0.5$。

提取的两时相影像的边缘,如图 5.17(a)、(b)所示,由于根据不同的波段会提取不同的边缘,最终得到强度不同的边缘信息。图 5.17(c)是根据两时相边缘信

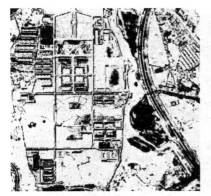

变化样本

未变化样本

　　　（a）变化概率图　　　　　　　　　　　（b）纹理特征选择样本

图 5.16　两时相影像的光谱特征影像及纹理特征选择样本

息计算的边缘密度匹配指数,从图中可以看出,边缘密度匹配指数能够描述由边缘信息反映出的变化情况。

　（a）t_1 时相边缘影像　　　　（b）t_2 时相边缘影像　　　　（c）边缘密度匹配指数

图 5.17　两时相影像的边缘特征

　　本实验中选取的 3×3 到 15×15 大小的窗口计算 GLCM 纹理特征,计算结构相似度,然后利用选择样本从所有窗口和特征的结构相似度中自动选择一个最佳特征,作为最终的 GLCM 纹理特征。在本实验中,经过选择,将 3×3 窗口下的相关性结构相似度特征作为最终的 GLCM 纹理特征,如图 5.18 所示。

　　图 5.19 为 3×3 窗口下提取的六种 GMRF 纹理特征及其结构相似度。图 5.20 为 width＝5,scale＝2,direction＝2 时提取的 Gabor 纹理特征及结构相似度,本实验中使用的参数设置为 width＝5,scale＝3,direction＝6。利用样本自适应选择的方法,最终选择的各纹理特征样本如图 5.21 所示,并将它们作为最终的纹理特征,用于融合多特征的变化检测。

　　选取 Haar 小波基,分解尺度设置为 3,利用小波变换对所有特征进行分解,图 5.22 为分解后的各特征第 3 尺度低通分量。从图中可以看出,分解后的特征能够保留主要变化,去除部分噪声。

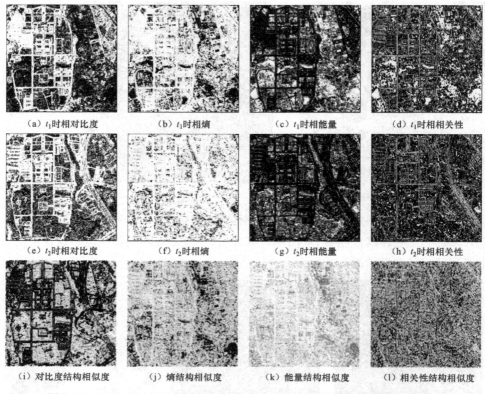

（a）t_1时相对比度　　　（b）t_1时相熵　　　（c）t_1时相能量　　　（d）t_1时相相关性

（e）t_2时相对比度　　　（f）t_2时相熵　　　（g）t_2时相能量　　　（h）t_2时相相关性

（i）对比度结构相似度　　（j）熵结构相似度　　（k）能量结构相似度　　（l）相关性结构相似度

图 5.18　3×3 窗口提取的两时相影像的 GLCM 纹理特征及其结构相似影像

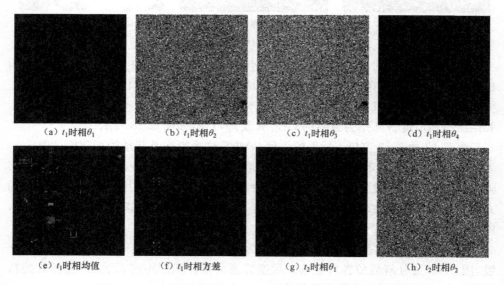

（a）t_1时相θ_1　　（b）t_1时相θ_2　　（c）t_1时相θ_3　　（d）t_1时相θ_4

（e）t_1时相均值　　（f）t_1时相方差　　（g）t_2时相θ_1　　（h）t_2时相θ_2

图 5.19　两时相影像的 GMRF 纹理特征及其结构相似影像

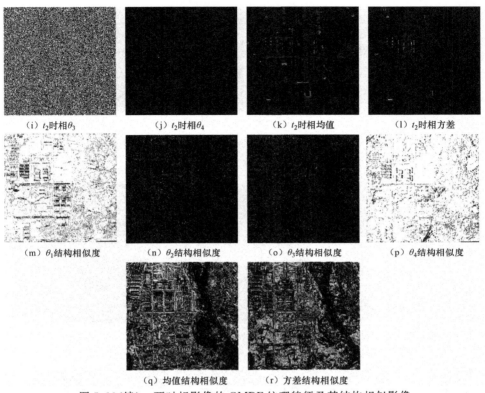

　（i）t_2 时相 θ_3　　　　（j）t_2 时相 θ_4　　　（k）t_2 时相均值　　　（l）t_2 时相方差

　（m）θ_1 结构相似度　　（n）θ_2 结构相似度　　（o）θ_3 结构相似度　　（p）θ_4 结构相似度

　　　　　　　（q）均值结构相似度　　（r）方差结构相似度

图 5.19（续）　两时相影像的 GMRF 纹理特征及其结构相似影像

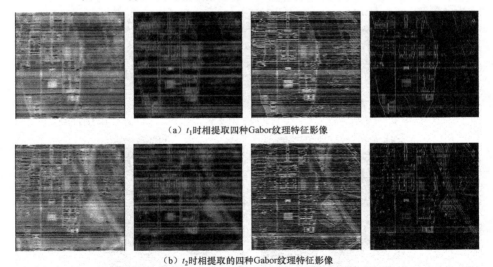

（a）t_1 时相提取四种 Gabor 纹理特征影像

（b）t_2 时相提取的四种 Gabor 纹理特征影像

图 5.20　两时相影像的 Gabor 纹理特征及其结构相似影像

（width＝5，scale＝2，direction＝2）

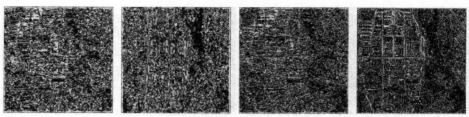

（c）四种Gabor纹理特征结构相似度影像

图5.20（续）　两时相影像的 Gabor 纹理特征及其结构相似影像

（width＝5,scale＝2,direction＝2）

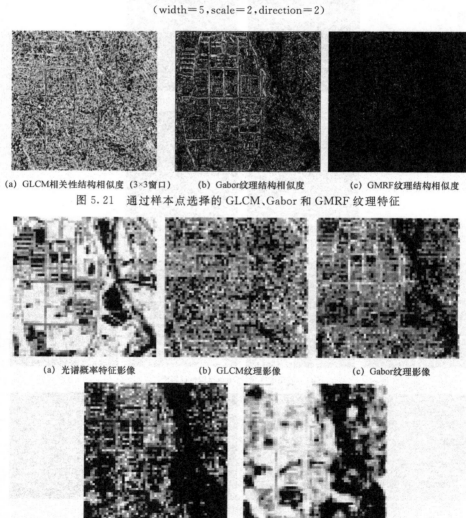

（a）GLCM相关性结构相似度（3×3窗口）　　（b）Gabor纹理结构相似度　　　（c）GMRF纹理结构相似度

图5.21　通过样本点选择的 GLCM、Gabor 和 GMRF 纹理特征

（a）光谱概率特征影像　　　　　（b）GLCM纹理影像　　　　　　（c）Gabor纹理影像

（d）GMRF纹理影像　　　　　（e）边缘密度匹配指数

图5.22　小波分解的两时相影像第3尺度光谱、纹理和边缘低通特征

利用 DS 证据理论分别对影像的原始特征和小波分解后各特征的第 3 尺度低通分量进行融合,计算融合的概率分布 $m(Y)$、$m(N)$、$m(Y,N)$。本实验中选取与实验一中相同的特征进行组合:光谱和 GLCM 特征、光谱和 Gabor 特征、光谱和 GMRF 特征、光谱和边缘特征及光谱、Gabor 和边缘特征,对不同的特征组合,设置不同的阈值 T_1、T_2 判定像素是否发生变化,如表 5.3 所示。

表 5.3　融合多特征变化检测方法中的参数设置

融合方法	T_1	T_2
光谱＋GLCM	0.3	0.65
光谱＋Gabor	0.4	0.7
光谱＋GMRF	0.6	0.8
光谱＋边缘	0.35	0.65
光谱＋Gabor＋边缘	0.5	0.7

通过 DS 证据理论融合得到原始尺度和分解尺度下的初步变化检测结果,再利用优势融合策略对两种尺度下的变化检测结果进行融合,结果如图 5.23 所示。图 5.23(a)为仅利用光谱信息进行 FCM 聚类的结果,图 5.23(b)为仅利用光谱特征进行小波分解后的优势策略融合的结果。

　（a）传统光谱结果　　　（b）光谱特征尺度融合结果　　（c）光谱与GLCM融合结果　　（d）光谱与Gabor融合结果

　（e）光谱与GMRF融合结果　　（f）光谱与边缘密度匹配　　（g）光谱、GMRF与边缘　　（h）地面参考数据
　　　　　　　　　　　　　　　指数融合结果　　　　　密度匹配指数融合结果

图 5.23　特征融合的变化检测结果

从图 5.23 可以看出,仅利用光谱特征进行不同尺度信息融合的结果比传统光谱方法的变化检测结果好,而加入多特征融合的结果比上述两种方法效果都好。

图 5.23(a)中,检测出的由辐射差异引起伪变化较多,同时也会由于草地和变化后的地物光谱较为接近,会产生一些漏检现象,必须加入其他的特征如边缘和纹理信息等。从图 5.23(b)可以看出,利用尺度特征融合的结果可以去除部分面积较小的虚检变化。表 5.4 为仅利用光谱的变化检测和不同特征融合的变化检测结果精度,从中可以看出,与传统光谱方法相比,融合光谱尺度特征的方法增加了 3 191个漏检像素,减少了 9 045 个虚检像素,总错误减少 5 854 个像素,降低了 2.34%,Kappa 系数提高了 0.022。加入边缘或纹理特征后,都能有效地去除由于辐射差异带来的伪变化,原因是:①它们首先对单独的影像依据灰度值取边缘或纹理特征,然后计算边缘或纹理特征的结构相似度,避免直接利用像素灰度值进行特征提取;②边缘或纹理特征可以从空间关系和纹理结构等方面反映出光谱信息无法区别的地物。本实验对光谱特征与不同的特征进行组合,验证了不同特征组合对变化检测结果的影响。在光谱和 GLCM、Gabor、GMRF、边缘等特征融合的结果中,光谱与边缘融合的变化检测结果精度最高。与仅利用光谱特征进行尺度融合的方法相比,它不但减少了 10 021 个漏检像素,而且减少了 4 548 个虚检像素,使总的错误像素数目减少了 14 569 个,降低总错误率为 5.83%,使 Kappa 系数提高了0.171 6。从图 5.24 中看出,边缘特征可以同时降低漏检率和虚检率,这是因为边缘特征通过两时相影像的边缘构造边缘密度匹配指数,能够通过边缘信息描述细节的变化,但对一些边缘未变化,仅光谱特征变化的地物检测效果不好,如从裸地变到草地。光谱特征、GMRF 纹理特征和边缘特征融合的变化检测结果精度最高,与光谱和边缘融合的变化检测结果相比,漏检像素减少 2 070 个,虚检像素增加 327 个,总错误像素减少了 1 743 个,错误率降低了 0.7%,Kappa 系数提高了0.023 6,原因是纹理特征与光谱特征在一定程度上弥补了对边缘未发生变化的变化地物的检测。经过比较,光谱特征与边缘特征融合和光谱特征与 Gabor 纹理特征、边缘特征融合取得了相对满意的变化检测结果,既能保证较低的错误率,又能提供相对均衡的漏检和虚检像素。

　　此外,从图 5.23 可以看出,多特征融合的方法虽然会遗漏一些较小的变化,但能够保证主要变化区域能被检测,可在实际应用中由人工辅助进一步处理。同时可以看出,虚检的图斑并不多,尤其是光谱与边缘特征融合和光谱与边缘、Gabor纹理特征三者融合的结果。这是因为纹理或边缘特征均可以检测光谱特征无法区别是否变化的地物,而且多尺度特征融合可以有效地去除虚检变化。

表 5.4　融合多特征的变化检测结果精度

融合方法	漏检		虚检		总错误		Kappa 系数
	像素数	P_m/%	像素数	P_f/%	像素数	P_t/%	
传统光谱	27 665	43.69	34 430	18.44	62 095	24.84	0.365 8

续表

融合方法	漏检		虚检		总错误		Kappa
	像素数	P_m/%	像素数	P_f/%	像素数	P_t/%	系数
光谱融合	30 856	48.73	25 385	13.60	56 241	22.50	0.387 8
光谱+GLCM	30 283	47.82	20 609	11.04	50 892	20.36	0.433 2
光谱+Gabor	25 158	39.73	21 521	11.53	46 679	18.67	0.496 9
光谱+GMRF	27 918	44.09	20 265	10.86	48 183	19.27	0.469 3
光谱+边缘	20 835	32.9	20 837	11.16	41 672	16.67	0.559 4
光谱+Gabor+边缘	18 765	29.63	21 164	11.34	39 929	15.97	0.583 0

5.5　结　论

通过实验发现,由于某些地物类之间的光谱相似性,传统的仅利用光谱信息进行变化检测的方法不能得到一个满意的结果,要提高变化检测精度,需要更多地考虑两时相影像地物边缘、形态、尺度等空间特征信息。本章提出了边缘密度匹配指数,引入了 GLCM、Gabor 和 GMRF 三种纹理特征,与影像的光谱信息组合,并利用小波变换对各特征进行分解,将原始特征和分解后的粗尺度特征分别利用 DS 证据理论进行融合得到两幅初步变化检测图,最后利用优势融合策略对它们进行融合得到最终的变化检测,以期提高遥感影像的变化检测结果精度。总结两个实验的结果,可以得出:

(1)在遥感影像变化检测中加入纹理特征可以提高检测精度,且不同的纹理特征对于变化检测结果的提高程度不同,相对而言,Gabor 纹理特征对变化检测精度的提高程度比较好。

(2)所提出的边缘密度匹配指数通过两时相遥感影像边缘的变化信息反映地物的变化情况,能提高变化检测的精度,对于光谱信息无法区别的地物能起到很好的检测作用,但对于边缘未发生变化的变化地物,则检测效果不佳,因此,最好与其他纹理特征一起用于变化检测。

(3)利用小波变换得到的各特征粗尺度低通分量特征,与原始特征一起通过 DS 证据理论和优势融合策略进行变化检测,可以有效地降低虚检变化,提高变化检测精度。

(4)在多特征组合变化检测中,并不是特征越多对变化检测结果精度提高越多,特征的选择十分重要,同时也验证了提出的样本自动选择特征方法的合理性和重要性。经过实验证明,光谱、Gabor 纹理和边缘特征的融合方法比较稳定且效果较好。

第6章 结论与展望

6.1 研究结论

遥感变化检测技术已成为一种有效的地表变化监测手段,被广泛应用于土地利用和覆盖变化、森林和植被变化、灾害评估等多方面。然而,由于自然环境本身的复杂性、与遥感波谱相互作用的复杂性以及传感器本身的局限性,使得获取的遥感影像中存在大量的混合像素、同物异谱和同谱异物等现象。同时,在数据预处理和变化检测算法的选取等方面,都不可避免地引入不同程度的不确定性,降低了变化检测精度。本书以光谱和空间信息结合为途径,对现有光谱和空间信息结合的变化检测方法存在的不确定性进行深入分析,针对不同空间分辨率的遥感影像,分别基于像素级、对象级和特征级方法增强空间信息的准确性,提出可靠的光谱与空间信息结合的变化检测方法,降低遥感数据本身与变化检测方法的不确定性对变化检测结果的影响,提高变化检测精度。主要研究结论如下:

(1)以传统主动轮廓模型变化检测为基础,分别在像素级、特征级和对象级提出一系列新的变化检测方法:①在像素级层上,提出了 EM 算法和主动轮廓模型结合的变化检测,增加了未变化和变化两部分像素区分的准确性,提高了变化检测精度;②在特征级层上,提出了基于主动轮廓模型的优势融合变化检测,通过在特征水平对小尺度和大尺度变化检测图进行优势融合,得到了优于传统主动轮廓模型的变化检测结果,在一定程度上减弱了轮廓长度参数对变化检测结果精度的影响;③在对象级层上,提出了利用主动轮廓模型检测由地震引起的倒塌建筑物的方法,不但可以有效地检测倒塌建筑物,而且避免了设置阈值带来的不确定性,提高了检测的精度和稳定性。

(2)传统的 MRF 用于像素级变化检测时,其标记场中对空间邻域像素的硬性标记及对空间信息的等权重利用,不能准确定义像素间的空间邻域关系,也不符合影像中存在大量混合像素的情况。针对上述问题,本书提出了 FCM 与 MRF 结合的变化检测方法和基于对比敏感 Potts 模型的自适应 MRF 变化检测方法。实验结果表明,在像素级上提出的 MRF 变化检测方法是可行的,既能够去除虚检像素,又可以检测细节变化,增强了空间信息的准确性,在一定程度上减弱了对空间邻域信息的过度利用,提高了变化检测精度。

(3)针对面向对象的变化检测方法中存在的分割尺度问题,本书提出了 SRM

与主动轮廓模型结合的面向对象的变化检测方法和基于对象尺度不确定性分析的变化检测方法。实验结果表明,提出的方法能够确定与不同地类变化相适应的最佳分割尺度,减弱了分割带来的尺度不确定性对变化检测结果的影响,提高了变化检测的精度和稳定性。

(4)在特征级上,提出了边缘密度匹配指数,引入了 GLCM、Gabor 和 GMRF 三种纹理特征,将这些特征与光谱信息组合,提取变化信息。可以得出:①在遥感影像变化检测中加入纹理特征可以提高检测精度,且不同的纹理特征对于变化检测结果的提高程度不同;②边缘密度匹配指数能够提高变化检测的精度,但对于边缘未发生变化的地物,检测效果不佳;③并不是特征越多变化检测结果精度提高越多,特征的选择十分重要。实验证明,光谱、Gabor 纹理和边缘特征的融合方法比较稳定且效果较好。

(5)本书分别在像素级、对象级和特征级进行研究并提出了基于空间与光谱信息结合的变化检测方法:①在像素级和特征级提出基于主动轮廓模型和 MRF 模型的变化检测方法适用于中低分辨率遥感影像的变化检测,尤其是存在细节变化的影像,虽然与传统方法相比也能提高对高空间分辨率遥感影像的变化检测精度,但总精度一般;②提出对象级的基于主动轮廓模型的检测震后倒塌建筑物的方法,可用于存在震前 GIS 数据的灾后倒塌建筑物检测,也可将其扩展后用于半自动的地形图更新;③提出面向对象的变化检测方法,不仅适用于高空间分辨率的遥感影像的变化检测,对具有大面积同质区的中分辨率遥感影像也能取得较好的变化检测结果;④提出特征级的融合多特征的变化检测方法中需要提取影像的纹理和边缘等特征,因此适用于高空间分辨率的遥感影像的变化检测。

6.2 研究展望

本书以增强空间信息的准确性为出发点,分别在像素级、对象级和特征级提出了可靠的遥感影像光谱与空间信息结合的变化检测方法,但是引起变化检测结果不确定性的因素很多,还需进一步深入研究:

(1)本书提出的基于主动轮廓模型的优势融合变化检测方法的精度优于传统的主动轮廓模型,但模型中需要根据经验选取不同尺度的轮廓长度参数值,所以如何自动地选取最佳轮廓长度参数需要进一步研究。

(2)在融合多特征的变化检测方法中,特征提取和特征选择是研究的难点,如何提取更有效的空间特征、各种特征的组合及特征融合的方法等问题都需要深入研究。

(3)本书主要通过增强空间信息的准确性提出可靠的变化检测方法,提高遥感影像变化检测精度。除此之外,多源数据融合、多种变化检测方法组合及亚像素变化检测也能够提高遥感影像变化检测精度,是未来的研究方向。

参考文献

陈志鹏,邓鹏,种劲松,等,2002. 纹理特征在 SAR 图像变化检测中的应用[J]. 遥感技术与应用,17(3):162-166.

邓劲松,李君,王珂,2009. 基于多时相 PCA 光谱增强和多源光谱分类器的 SPOT 影像土地利用变化检测[J]. 光谱学与光谱分析(6):1627-1631.

杜培军,柳思聪,2012. 融合多特征的遥感影像变化检测[J]. 遥感学报,16(4):663-677.

方圣辉,佃袁勇,李微,2005. 基于边缘特征的变化检测方法研究[J]. 武汉大学学报(信息科学版),30(2):135-138.

韩崇昭,朱洪艳,段战胜,2006. 多源信息融合[M]. 北京:清华大学出版社.

韩晶,邓喀中,李北城,2012. 基于灰度共生矩阵纹理特征的 SAR 影像变化检测方法研究[J]. 大地测量与地球动力学,32(4):94-98.

霍宏涛,游先祥,2004. 小波变换在遥感图象融合中的应用研究[J]. 中国图象图形学报:A 辑,8(5):551-556.

季顺平,袁修孝,2007. 一种基于阴影检测的建筑物变化检测方法[J]. 遥感学报,11(3):323-329.

江利明,廖明生,张路,等,2006. 顾及空间邻域关系的多时相 SAR 影像变化检测[J]. 武汉大学学报(信息科学版),31(4):312-315.

赖祖龙,申邵洪,程新文,等,2009. 基于图斑的高分辨率遥感影像变化检测[J]. 测绘通报(8):17-20.

李弼程,彭天强,彭波,2004. 智能图像处理技术[M]. 北京:电子工业出版社.

李德仁,2003. 利用遥感影像进行变化检测[J]. 武汉大学学报(信息科学版),28(S1):7-12.

刘国英,马国锐,王雷光,等,2010. 基于 Markov 随机场的小波域图像建模及分割[M]. 北京:科学出版社.

刘臻,宫鹏,史培军,等,2005. 基于相似度验证的自动变化探测研究[J]. 遥感学报,9(5):537-543.

罗旺,2012. 遥感图像的变化检测与标注方法研究[D]. 成都:电子科技大学.

申邵洪,郭信民,2011. 影像配准误差对高分辨率遥感影像变化检测精度影响的研究[J]. 长江科学院院报,28(10):205-209.

申邵洪,赖祖龙,万幼川,2009. 基于融合的高分辨率遥感影像变化检测[J]. 测绘通报(3):16-19.

宋妍,袁修孝,付迎春,2009. 基于混合高斯密度模型和空间上下文信息的遥感影像变化检测方法及扩展[J]. 遥感学报,13(1):117-128.

孙家抦,2003. 遥感原理与应用[M]. 武汉:武汉大学出版社.

汤迎春,2012. 基于小波分析和聚类的多时相遥感影像变化检测[D]. 杭州:浙江工业大学.

汪闽,张星月,2010. 多特征证据融合的遥感图像变化检测[J]. 遥感学报,14(3):558-570.

王慕华,张继贤,李海涛,等,2009. 基于区域特征的高分辨率遥感影像变化检测研究[J]. 测绘科学,34(1):92-94.

武辰,杜博,张良培,2012. 基于独立成分分析的高光谱变化检测[J]. 遥感学报,16(3):545-561.

徐丽华,江万寿,2006. 顾及配准误差的遥感影像变化检测[J]. 武汉大学学报(信息科学版),31 (8):687-690.

袁修孝,宋妍,2007. 一种运用纹理和光谱特征消除投影差影响的建筑物变化检测方法[J]. 武汉大学学报(信息科学版),32(6):489-493.

张华,2012. 遥感数据可靠性分类方法研究[D]. 徐州:中国矿业大学.

张永梅,李立鹏,姜明,等,2013. 综合像素级和特征级的建筑物变化检测方法[J]. 计算机科学,40(1):286-293.

赵英时,2003. 遥感应用分析原理与方法[M]. 北京:科学出版社.

周启鸣,2011. 多时相遥感影像变化检测综述[J]. 地理信息世界(2):28-33.

朱朝杰,王仁礼,董广军,2006. 基于小波变换的纹理特征变化检测方法研究[J]. 仪器仪表学报,27(S1):46-47.

ADAMS J B,SABOL D E,KAPOS V,et al,1995. Classification of multispectral images based on fractions of end members:Application to land-cover change in the Brazilian Amazon[J]. Remote Sensing of Environment,52(2):137-154.

AL-KHUDHAIRY D,CARAVAGGI I,GIADA S,2005. Structural damage assessments from IKONOS data using change detection,object-oriented segmentation and classification techniques[J]. Photogrammetric Engineering and Remote Sensing,71(7):825-837.

ALLEN T R,KUPFER J A,2000. Application of spherical statistics to change vector analysis of Landsat data:Southern Appalachian spruce-fir forests[J]. Remote Sensing of Environment,74 (3):482-493.

ALVANITOPOULOS P,ANDREADIS I,ELENAS A,2010. Neuro-fuzzy techniques for the classification of earthquake damages in buildings[J]. Measurement,43(6):797-809.

ARDILA J P,BIJKER W,TOLPEKIN V A,et al,2012. Multitemporal change detection of urban trees using localized region-based active contours in VHR images[J]. Remote Sensing of Environment,124(2):413-426.

ASNER G P,KELLER M,PEREIRA R,et al,2002. Remote sensing of selective logging in Amazonia:Assessing limitations based on detailed field observations,Landsat ETM+ and textural analysis[J]. Remote Sensing of Environment,80(3):483-496.

BABOO S S,DEVI M R,2010. Integrations of remote sensing and GIS to land use and land cover change detection of Coimbatore district[J]. International Journal on Computer Science and Engineering,2(9):3085-3088.

BAZI Y,BRUZZONE L,MELGANI F,2005. An unsupervised approach based on the generalized Gaussian model to automatic change detection in multitemporal SAR images[J]. IEEE Transactions on Geoscience and Remote Sensing,43(4):874-887.

BAZI Y,MELGANI F,AL-SHARARI H D,2010. Unsupervised change detection in multispectral remotely sensed imagery with level set methods[J]. IEEE Transactions on Geoscience and

Remote Sensing,48(8):3178-3187.

BELONGIE S,MALIK J,PUZICHA J,2002. Shape matching and object recognition using shape contexts[J]. IEEE Transactions on Pattern Analysis and Machine Intelligence,24(4):509-522.

BENEDEK C,SZIR NYI T,2009. Change detection in optical aerial images by a multilayer conditional mixed Markov model[J]. IEEE Transactions on Geoscience and Remote Sensing, 47 (10):3416-3430.

BENZ U C,HOFMANN P,WILLHAUCK G,et al,2004. Multi-resolution,object-oriented fuzzy analysis of remote sensing data for GIS-ready information[J]. ISPRS Journal of Photogrammetry and Remote Sensing,58(3):239-258.

BEZDEK J C,1981. Pattern recognition with fuzzy objective function algorithms[M]. Norwell: Kluwer Academic Publishers.

BLASCHKE T,2010. Object based image analysis for remote sensing[J]. ISPRS Journal of Photogrammetry and Remote Sensing,65(1):2-16.

BOUZIANI M,GO TA K,HE D C,2010. Automatic change detection of buildings in urban environment from very high spatial resolution images using existing geodatabase and prior knowledge[J]. ISPRS Journal of Photogrammetry and Remote Sensing,65(1):143-153.

BOVOLO F,BRUZZONE L,2005. A detail-preserving scale-driven approach to change detection in multitemporal SAR images[J]. IEEE Transactions on Geoscience and Remote Sensing,43 (12):2963-2972.

BOVOLO F, CAMPS-VALLS G, BRUZZONE L, 2010. A support vector domain method for change detection in multitemporal images[J]. Pattern Recognition Letters,31(10):1148-1154.

BROWN K,FOODY G,ATKINSON P,2007. Modelling geometric and misregistration error in airborne sensor data to enhance change detection[J]. International Journal of Remote Sensing, 28(12):2857-2879.

BRUZZONE L,COSSU R,2003. An adaptive approach to reducing registration noise effects in unsupervised change detection[J]. IEEE Transactions on Geoscience and Remote Sensing,41 (11):2455-2465.

BRUZZONE L,PRIETO D F,2000. Automatic analysis of the difference image for unsupervised change detection[J]. IEEE Transactions on Geoscience and Remote Sensing,38(3):1171-1182.

CANNY J,1986. A computational approach to edge detection[J]. IEEE Transactions on Pattern Analysis and Machine Intelligence,8(6):679-698.

CELIK T,2010. Image change detection using Gaussian mixture model and genetic algorithm[J]. Journal of Visual Communication and Image Representation,21(8):965-974.

CELIK T,2011. Bayesian change detection based on spatial sampling and Gaussian mixture model[J]. Pattern Recognition Letters,32(12):1635-1642.

CELIK T, MA K K, 2011. Multitemporal image change detection using undecimated discrete wavelet transform and active contours[J]. IEEE Transactions on Geoscience and Remote Sensing,49(2):706-716.

CHAN T F,VESE L A,2001. Active contours without edges[J]. IEEE Transactions on Image Processing,10(2):266-277.

CHATELAIN F,TOURNERET J Y,INGLADA J,et al,2007. Bivariate gamma distributions for image registration and change detection[J]. IEEE Transactions on Image Processing,16(7): 1796-1806.

CHEN J,GONG P,HE C Y,et al,2003. Land-use/land-cover change detection using improved change-vector analysis[J]. Photogrammetric Engineering and Remote Sensing,69(4):369-379.

CHEN L C,LIN L J,2010. Detection of building changes from aerial images and light detection and ranging (LIDAR) data[J]. Journal of Applied Remote Sensing,4(12):2785-2802.

CHEN Y,CAO Z G,2013. Change detection of multispectral remote-sensing images using stationary wavelet transforms and integrated active contours[J]. International Journal of Remote Sensing,34(24):8817-8837.

CHEN Y,CAO Z,2013. An improved MRF-based change detection approach for multitemporal remote sensing imagery[J]. Signal processing,93(1):163-175.

COLLINS J B,WOODCOCK C E,1994. Change detection using the Gramm-Schmidt transformation applied to mapping forest mortality[J]. Remote Sensing of Environment,50(3):267-279.

COLLINS J B,WOODCOCK C E,1996. An assessment of several linear change detection techniques for mapping forest mortality using multitemporal Landsat TM data[J]. Remote Sensing of Environment,56(1):66-77.

COPPIN P,JONCKHEERE I,NACKAERTS K,et al,2004. Digital change detection methods in ecosystem monitoring: A review [J]. International Journal of Remote Sensing, 25 (9): 1565-1596.

CUI S,DATCU M,2012. Statistical wavelet subband modeling for multi-temporal SAR change detection[J]. IEEE Journal of Selected Topics in Applied Earth Observations and Remote Sensing,5(4):1095-1109.

DAI X,KHORRAM S,1998. The effects of image misregistration on the accuracy of remotely sensed change detection[J]. IEEE Transactions on Geoscience and Remote Sensing,36(5): 1566-1577.

DAUGMAN J G,1985. Uncertainty relation for resolution in space,spatial frequency,and orientation optimized by two-dimensional visual cortical filters[J]. JOSA A,2(7):1160-1169.

DAUGMAN J G,1988. Complete discrete 2-D Gabor transforms by neural networks for image analysis and compression[J]. IEEE Transactions on Acoustics,Speech and Signal Processing,36 (7):1169-1179.

DENG J,WANG K,DENG Y,et al,2008. PCA - based land - use change detection and analysis using multitemporal and multisensor satellite data[J]. International Journal of Remote Sensing,29(16):4823-4838.

DING M,TIAN Z,JIN Z,et al,2010. Registration using robust kernel principal component for object-based change detection [J]. IEEE Geoscience and Remote Sensing Letters, 7 (4):

761-765.

DU P,LIU S,GAMBA P,et al,2012. Fusion of difference images for change detection over urban areas[J]. IEEE Journal of Selected Topics in Applied Earth Observations and Remote Sensing, 5(4):1076-1086.

DU P,LIU S,XIA J,et al,2013. Information fusion techniques for change detection from multi-temporal remote sensing images[J]. Information Fusion,14(1):19-27.

DUNN J C,1973. A fuzzy relative of the ISODATA process and its use in detecting compact well-separated clusters[J]. Journal of Cybernetics,3(3):32-57.

EASTMAN J R,FILK M,1993. Long sequence time series evaluation using standardized principal components[J]. Photogrammetric Engineering and Remote Sensing,59(6):991-996.

FUNG T,LEDREW E,1987. Application of principal components analysis to change detection[J]. Photogrammetric Engineering and Remote Sensing,53(12):1649-1658.

GHOSH A,MISHRA N S,GHOSH S,2011. Fuzzy clustering algorithms for unsupervised change detection in remote sensing images[J]. Information Sciences,181(4):699-715.

GHOSH A,SUBUDHI B N,BRUZZONE L,2013. Integration of Gibbs Markov random field and Hopfield-type neural networks for unsupervised change detection in remotely sensed multitemporal images[J]. IEEE Transactions on Image Processing,22(8):3087-3096.

GHOSH S,BRUZZONE L,PATRA S,et al,2007. A context-sensitive technique for unsupervised change detection based on Hopfield-type neural networks[J]. IEEE Transactions on Geoscience and Remote Sensing,45(3):778-789.

GHOSH S,PATRA S,GHOSH A,2009. An unsupervised context-sensitive change detection technique based on modified self-organizing feature map neural network[J]. International Journal of Approximate Reasoning,50(1):37-50.

GONG B,IM J,MOUNTRAKIS G,2011. An artificial immune network approach to multi-sensor land use/land cover classification[J]. Remote Sensing of Environment,115(2):600-614.

GONG M G,SU L Z,JIA M,et al,2014. Fuzzy clustering with a modified MRF energy function for change detection in synthetic aperture radar images[J]. IEEE Transactions on Fuzzy Systems,22(1):98-109.

GONG M,ZHOU Z,MA J,2012. Change detection in synthetic aperture radar images based on image fusion and fuzzy clustering[J]. IEEE Transactions on Image Processing, 21 (4): 2141-2151.

GUNGOR O,AKAR O,2010. Multisensor data fusion for change detection[J]. Scientific Research and Essays,5(18):2823-2831.

HABIB T,INGLADA J,MERCIER G,et al,2009. Support vector reduction in SVM algorithm for abrupt change detection in remote sensing[J]. IEEE Geoscience and Remote Sensing Letters,6(3):606-610.

IM J,JENSEN J R,2005. A change detection model based on neighborhood correlation image analysis and decision tree classification[J]. Remote Sensing of Environment,99(3):326-340.

JENSEN J R,LULLA K,1987. Introductory digital image processing:a remote sensing perspective[J]. Geocarto International,2(1):65.

JHA C S,UNNI N,1994. Digital change detection of forest conversion of a dry tropical Indian forest region[J]. International Journal of Remote Sensing,15(13):2543-2552.

JIN Y Q,WANG D,2009. Automatic detection of terrain surface changes after Wenchuan earthquake,May 2008,from ALOS SAR images using 2EM-MRF method[J]. IEEE Geoscience and Remote Sensing Letters,6(2):344-348.

JING Y,AN J B,LIU Z X,2011. A novel edge detection algorithm based on global minimization active contour model for oil slick infrared aerial image[J]. IEEE Transactions on Geoscience and Remote Sensing,49(6):2005-2013.

JOHNSON R D,1994. Change vector analysis for disaster assessment:a case study of Hurricane Andrew[J]. Geocarto International,9(1):41-45.

KASS M,WITKIN A,TERZOPOULOS D,1988. Snakes:active contour models[J]. International Journal of Computer Vision,1(4):321-331.

LAMBIN E F,1996. Change detection at multiple temporal scales:seasonal and annual variations in landscape variables[J]. Photogrammetric Engineering and Remote Sensing,62(8):931-938.

LAMBIN E,EHRLICH D,1996. The surface temperature-vegetation index space for land cover and land-cover change analysis[J]. International Journal of Remote Sensing,17(3):463-487.

LE HEGARAT-MASCLE S,SELTZ R,2004. Automatic change detection by evidential fusion of change indices[J]. Remote Sensing of Environment,91(3):390-404.

LE HEGARAT-MASCLE S,SELTZ R,HUBERT - MOY L,et al,2006. Performance of change detection using remotely sensed data and evidential fusion:comparison of three cases of application[J]. International Journal of Remote Sensing,27(16):3515-3532.

LI C M,HUANG R,DING Z H,et al,2011. A level set method for image segmentation in the presence of intensity inhomogeneities with application to MRI[J]. IEEE Transactions on Image Processing,20(7):2007-2016.

LI C M,KAO C Y,GORE J C,et al,2008. Minimization of region-scalable fitting energy for image segmentation[J]. IEEE Transactions on Image Processing,17(10):1940-1949.

LI C M,XU C Y,GUI C F,et al,2010. Distance regularized level set evolution and its application to image segmentation[J]. IEEE Transactions on Image Processing,19(12):3243-3254.

LI H,GONG M,LIU J,2015. A local statistical fuzzy active contour model for change detection [J]. IEEE Geoscience and Remote Sensing Letters,12(3):582-586.

LI X,YEH A,1998. Principal component analysis of stacked multi-temporal images for the monitoring of rapid urban expansion in the Pearl River Delta[J]. International Journal of Remote Sensing,19(8):1501-1518.

LING H,JACOBS D W,2007. Shape classification using the inner-distance[J]. IEEE Transactions on Pattern Analysis and Machine Intelligence,29(2):286-299.

LIU H,ZHOU Q,2004. Accuracy analysis of remote sensing change detection by rule-based rationality evaluation with post-classification comparison[J]. International Journal of Remote Sensing,25(5):1037-1050.

LIU X,LATHROP JR R,2002. Urban change detection based on an artificial neural network[J]. International Journal of Remote Sensing,23(12):2513-2518.

LO C,SHIPMAN R L,1990. A GIS approach to land-use change dynamics detection[J]. Photogrammetric Engineering and Remote Sensing,56(11):1483-1491.

LU D,MAUSEL P,BRONDIZIO E, et al,2004. Change detection techniques[J]. International Journal of Remote Sensing,25(12):2365-2401.

LU D,MAUSEL P,BRONDIZIO E,et al,2002. Change detection of successional and mature forests based on forest stand characteristics using multitemporal TM data in Altamira, Brazil [C]// Proceedings of 22nd FIG International Congress,ACSM-ASPRS Annual Conference. Washington:ACT Publications:19-26.

LU P,STUMPF A,KERLE N,et al,2011. Object-oriented change detection for landslide rapid mapping[J]. IEEE Geoscience and Remote Sensing Letters,8(4):701-705.

LYON J G,YUAN D,LUNETTA R S,et al,1998. A change detection experiment using vegetation indices[J]. Photogrammetric Engineering and Remote Sensing,64(2):143-150.

MA J,GONG M,ZHOU Z,2012. Wavelet fusion on ratio images for change detection in SAR images[J]. IEEE Geoscience and Remote Sensing Letters,9(6):1122-1126.

MACOMBER S A,WOODCOCK C E,1994. Mapping and monitoring conifer mortality using remote sensing in the Lake Tahoe Basin[J]. Remote Sensing of Environment,50(3):255-266.

MALILA W A, 1980. Change vector analysis:an approach for detecting forest changes with Landsat[C]// Proceedings of the 6th International Symposium on Machine Processing of Remotely Sensed Data. West Lafayette:Purdue University Press:385.

MARCHESI S,BOVOLO F,BRUZZONE L,2010. A context-sensitive technique robust to registration noise for change detection in VHR multispectral images[J]. IEEE Transactions on Image Processing,19(7):1877-1889.

MELGANI F,BAZI Y,2006. Markovian fusion approach to robust unsupervised change detection in remotely sensed imagery[J]. IEEE Geoscience and Remote Sensing Letters,3(4):457-461.

METTERNICHT G, 1999. Change detection assessment using fuzzy sets and remotely sensed data:an application of topographic map revision[J]. ISPRS Journal of Photogrammetry and Remote Sensing,54(4):221-233.

MOSER G,SERPICO S B,2009. Unsupervised change detection from multichannel SAR data by Markovian data fusion[J]. IEEE Transactions on Geoscience and Remote Sensing,47(7):2114-2128.

MOUAT D A,LANCASTER J,1996. Use of remote sensing and GIS to identify vegetation change in the upper San Pedro river watershed, Arizona[J]. Geocarto International,11(2): 55-67.

MUCHONEY D M,HAACK B N,1994. Change detection for monitoring forest defoliation[J].

Photogrammetric Engineering and Remote Sensing,60(10):1243-1251.

MUNYATI C,2000. Wetland change detection on the Kafue Flats,Zambia,by classification of a multitemporal remote sensing image dataset[J]. International Journal of Remote Sensing,21 (9):1787-1806.

NOCK R,NIELSEN F,2004. Statistical region merging[J]. IEEE Transactions on Pattern Analysis and Machine Intelligence,26(11):1452-1458.

OSHER S,SETHIAN J A,1988. Fronts propagating with curvature-dependent speed:algorithms based on Hamilton-Jacobi formulations[J]. Journal of Computational Physics,79(1):12-49.

OUMA Y O,JOSAPHAT S,TATEISHI R,2008. Multiscale remote sensing data segmentation and post-segmentation change detection based on logical modeling:Theoretical exposition and experimental results for forestland cover change analysis[J]. Computers & Geosciences,34 (7):715-737.

PACIFICI F,DEL FRATE F,2010. Automatic change detection in very high resolution images with pulse-coupled neural networks[J]. IEEE Geoscience and Remote Sensing Letters,7(1): 58-62.

PAJARES G,CRUZ J M,2004. A wavelet-based image fusion tutorial[J]. Pattern Recognition, 37(9):1855-1872.

PANJWANI D K,HEALEY G,1995. Markov random field models for unsupervised segmentation of textured color images[J]. IEEE Transactions on Pattern Analysis and Machine Intelligence,17(10):939-954.

PATRA S,GHOSH S,GHOSH A,2011. Histogram thresholding for unsupervised change detection of remote sensing images[J]. International Journal of Remote Sensing,32(21):6071-6089.

PETIT C, LAMBIN E, 2001. Integration of multi-source remote sensing data for land cover change detection [J]. International Journal of Geographical Information Science, 15 (8): 785-803.

PRAKASH A,GUPTA R,1998. Land-use mapping and change detection in a coal mining area:a case study in the Jharia coalfield,India[J]. International Journal of Remote Sensing,19(3): 391-410.

RIDD M K,LIU J,1998. A comparison of four algorithms for change detection in an urban environment[J]. Remote Sensing of Environment,63(2):95-100.

SADER S,WINNE J,1992. RGB-NDVI colour composites for visualizing forest change dynamics [J]. International Journal of Remote Sensing,13(16):3055-3067.

SALAMI A,1999. Vegetation dynamics on the fringes of lowland humid tropical rainforest of south-western Nigeria an assessment of environmental change with air photos and Landsat TM [J]. International Journal of Remote Sensing,20(6):1169-1181.

SERRA P,PONS X,SAURI D,2003. Post-classification change detection with data from different sensors:some accuracy considerations[J]. International Journal of Remote Sensing,24(16): 3311-3340.

SETO K C,WOODCOCK C,SONG C,et al,2002. Monitoring land-use change in the Pearl River Delta using Landsat TM[J]. International Journal of Remote Sensing,23(10):1985-2004.

SHI J,WU J J,PAUL A,et al,2014. Change detection in synthetic aperture radar images based on fuzzy active contour models and genetic algorithms[J]. Mathematical Problems in Engineering(6):1-15.

SINGH A,1989. Digital change detection techniques using remotely-sensed data[J]. International Journal of Remote Sensing,10(6):989-1003.

SINGH A,HARRISON A,1985. Standardized principal components[J]. International Journal of Remote Sensing,6(6):883-896.

SLATER J,BROWN R,2000. Changing landscapes:monitoring environmentally sensitive areas using satellite imagery[J]. International Journal of Remote Sensing,21(13-14):2753-2767.

SOHL T L,1999. Change analysis in the United Arab Emirates:an investigation of techniques[J]. Photogrammetric Engineering and Remote Sensing,65(4):475-484.

STONE T A,LEFEBVRE P,1998. Using multi-temporal satellite data to evaluate selective logging in Para,Brazil[J]. International Journal of Remote Sensing,19(13):2517-2526.

STOW D A,CHEN D M,2002. Sensitivity of multitemporal NOAA AVHRR data of an urbanizing region to land-use/land-cover changes and misregistration[J]. Remote Sensing of Environment,80(2):297-307.

STOW D,1999. Reducing the effects of misregistration on pixel-level change detection[J]. International Journal of Remote Sensing,20(12):2477-2483.

STOW D,COULTER L,BAER S,2003. A frame centre matching approach to registration for change detection with fine spatial resolution multi-temporal imagery[J]. International Journal of Remote Sensing,24(19):3873-3879.

SUNDARESAN A,VARSHNEY P K,ARORA M K,2007. Robustness of change detection algorithms in the presence of registration errors[J]. Photogrammetric Engineering and Remote Sensing,73(4):375-383.

TANG Y,ZHANG L,HUANG X,2011. Object-oriented change detection based on the Kolmogorov-Smirnov test using high-resolution multispectral imagery[J]. International journal of remote sensing,32(20):5719-5740.

TEWKESBURY A P,COMBER A J,TATE N J,et al,2015. A critical synthesis of remotely sensed optical image change detection techniques[J]. Remote Sensing of Environment,160:1-14.

TOWNSHEND J R,JUSTICE C O,GURNEY C,et al,1992. The impact of misregistration on change detection[J]. IEEE Transactions on Geoscience and Remote Sensing,30(5):1054-1060.

TSO B,OLSEN R C,2005. A contextual classification scheme based on MRF model with improved parameter estimation and multiscale fuzzy line process[J]. Remote Sensing of Environment,97(1):127-136.

ULBRICHT K,HECKENDORFF W,1998. Satellite images for recognition of landscape and landuse changes[J]. ISPRS Journal of Photogrammetry and Remote Sensing,53(4):235-243.

USTIN S,ROBERTS D,HART Q,1998. Seasonal vegetation patterns in a California coastal savanna derived from Advanced Visible/Infrared Imaging Spectrometer (AVIRIS) data[C]//Remote Sensing Change Detection:Environmental Monitoring Methods and Applications. Chelsea:Ann Arbor Press:163-180.

VOLPI M,TUIA D,BOVOLO F,et al,2013. Supervised change detection in VHR images using contextual information and support vector machines[J]. International Journal of Applied Earth Observation and Geoinformation,20(S1):77-85.

WALTER V,2004. Object-based classification of remote sensing data for change detection[J]. ISPRS Journal of Photogrammetry and Remote Sensing,58(3):225-238.

WANG F,WU Y,ZHANG Q,et al,2013. Unsupervised change detection on SAR images using triplet Markov field model[J]. IEEE Geoscience and Remote Sensing Letters,10(4):697-701.

WANG Z,LU L,BOVIK A C,2004. Video quality assessment based on structural distortion measurement[J]. Signal Processing:Image Communication,19(2):121-132.

WENG Q,2002. Land use change analysis in the Zhujiang Delta of China using satellite remote sensing,GIS and stochastic modelling[J]. Journal of Environmental Management, 64 (3): 273-284.

WOODCOCK C E,MACOMBER S A,PAX-LENNEY M,et al,2001. Monitoring large areas for forest change using Landsat:Generalization across space,time and Landsat sensors[J]. Remote Sensing of Environment,78(1):194-203.

XIONG B L,CHEN Q,JIANG Y M,et al,2012. A Threshold selection method using two SAR change detection measures based on the Markov random field model[J]. IEEE Geoscience and Remote Sensing Letters,9(2):287-291.

YANG X,LO C,2002. Using a time series of satellite imagery to detect land use and land cover changes in the Atlanta,Georgia metropolitan area[J]. International Journal of Remote Sensing, 23(9):1775-1798.

YETGIN Z,2012. Unsupervised change detection of satellite images using local gradual descent [J]. IEEE Transactions on Geoscience and Remote Sensing,50(5):1919-1929.